大数据科学研究丛书

大数据背景下贵州省企业环境责任信息披露

杜 剑 等著

科学出版社

北 京

内 容 简 介

本书作为学术研究著作，尝试在大数据背景下对贵州省企业环境责任信息披露进行解析。本书以理论为指导，通过实证研究，探讨大数据企业环境责任信息披露影响因素、现阶段我国企业环境责任信息披露情况，以贵州省上市公司为例进行环境责任信息披露的实证分析，在借鉴国内外企业环境责任信息披露管理经验的基础上，提出贵州省企业利用大数据提高环境责任信息披露能力的对策建议。

本书内容覆盖面广、信息量大、系统性强，适合高等学校会计、财务管理、审计、税收等经济类专业的高年级本科生、研究生作为参考书使用，也适合对企业环境责任信息披露感兴趣的研究者阅读，对环保部门、证券监管部门等政府部门的实际工作者也有一定的参考价值。

图书在版编目（CIP）数据

大数据背景下贵州省企业环境责任信息披露 / 杜剑等著. —北京：科学出版社，2019.5

（大数据科学研究丛书）

ISBN 978-7-03-060271-8

Ⅰ. ①大… Ⅱ. ①杜… Ⅲ. ①企业环境管理－企业责任－社会责任－信息管理－研究－贵州 Ⅳ. ①X322.273

中国版本图书馆 CIP 数据核字（2018）第 296608 号

责任编辑：马　跃　李　嘉 / 责任校对：孙婷婷
责任印制：张　伟 / 封面设计：无极书装

科学出版社 出版

北京东黄城根北街 16 号
邮政编码：100717
http://www.sciencep.com

北京盛通商印快线网络科技有限公司 印刷
科学出版社发行　各地新华书店经销
*

2019 年 5 月第 一 版　开本：720 × 1000　1/16
2019 年 5 月第一次印刷　印张：7 1/2
字数：151 000

定价：66.00 元

（如有印装质量问题，我社负责调换）

作者简介

　　杜剑，男，汉族，四川峨边彝族自治县人，中共党员，博士，贵州财经大学教授，博士生导师，贵州省高校哲学社会科学学术带头人（会计学）。主要从事企业社会责任、公司治理、税收政策方面的教学和研究工作。主持国家级、省部级课题三项，主编专著三部，在《税务研究》等刊物公开发表核心论文三十余篇，并多次获得优秀教师荣誉称号及省部级科研成果奖。

大数据科学研究丛书

编委会

前　言

　　本书围绕大数据背景下贵州省企业环境责任信息披露进行研究。全书包含第1章导论、第2章文献综述及理论分析、第3章大数据企业环境责任信息披露影响因素研究——基于大数据板块的logistic分析、第4章现阶段我国企业环境责任信息披露情况概述、第5章以贵州省上市公司为例的环境责任信息披露情况研究、第6章国内外企业环境责任信息披露管理经验启示、第7章贵州省企业利用大数据提高环境责任信息披露能力对策研究共7章内容。

　　杜剑负责全书的思路和结构设计，在完成了第1章到第2章的基础上，和王肇完成了第3章的实证研究，和杨杨完成了第4章的分析，和于芝麦完成了第5章的研究，和郭瞳瞳完成了第6章的写作，和谢华丽、蔡佳馨、王濛完成了第7章的撰写工作。

　　在此要感谢张璐璐、张斯嘉、秦可、朱义喆、叶勇、张友夫、张笑山、韦晨昕、谢华丽、蔡佳馨、王濛及其他协助者进行的数据搜集等工作。

杜　剑

2018年8月

目　　录

第1章 导　　论^①

1.1　研究背景及意义

　　21世纪以来，我国经济实力的提升是有目共睹的，但伴随着经济的飞速增长出现了许多环境问题。2016年4月17日，举国民众被一条由中国中央电视台（以下简称央视）发布的消息所震惊，深圳市某公司作为一家知名上市企业，其旗下的子公司却长期违规排污，造成江苏省某学校近500名学生身体出现异常的恶果；更令人惊奇的是，早在2014年，该公司旗下的子公司就因排污导致环境污染问题而支付了大笔环境整治费。而同样作为上市公司的福建省某公司所造成的严重环境污染事件犹在眼前，一件又一件的环境污染事件接踵而至。根据中华人民共和国生态环境部发布的统计数据可知，从2003年开始，国内由上市公司所造成的环境事故数量不断攀升，而空气与水的污染问题显得尤为严重。北京等大城市空气质量堪忧，这些对人类的健康存在着重大威胁。2016年2月，公众环境研究中心公开发布的统计信息显示，2015年我国上市企业中有141家企业排污量超标。而在此名单中，某些央企的大名赫然在列，且数目最为庞大的行业为化工业。令人惊奇的是，141家上市企业中仅有28家对该信息进行了披露。许多上市公司对信息披露的认知不够，对其重视程度也有待提高。2018年4月17日，央视报道山西省某公司违规倾倒，排放工业废渣、废水，严重破坏周边生态环境，生态环境部已第一时间将该公司环境违法信息通报中国证券监督管理委员会（以下简称证监会），并依据上市公司环境违法联合惩戒合作备忘录对其进行联合查处。2018年4月20日，江苏省某公司因违反环保规定被生态环境部通报，通报显示，该公司存在非法处置危险废物、违规转移和储存危险废物、长期偷排高浓度有毒有害废水、治污设施不正常运行等问题，经深圳证券交易所（以下简称深交所）初步

---

　　① 此部分主要来自杜剑的项目阶段性成果。

核查，发现该公司涉嫌未及时披露重大环境污染、高管人员被有权机关调查但披露不及时等问题，该公司的上述行为涉嫌严重违反《深圳证券交易所股票上市规则》《深圳证券交易所中小企业板上市公司规范运作指引》等相关规定。在 2018 年 4 月的一个月时间里，有 6 家上市公司发布了涉及环保的处罚整改公告，罚款金额累计近 4000 万元。原环境保护部环境规划院王依和北京师范大学经济与工商管理学院龚新宇研究发现，2006～2015 年这 10 年，受到环保处罚的上市公司从 29 家上升至 198 家，受到环保处罚的上市公司数量逐年递增。上市公司环境违法行为为何屡禁不止？企业环境责任信息披露的监管制度是否还需要进一步加强？目前，我国相关法律法规、政策制度规定，污染物的排放、资源的消耗、环境的管理等信息都应包括在上市企业的披露信息内容中。例如，证监会 2017 年 12 月 26 日公布的《公开发行证券的公司信息披露内容与格式准则第 2 号——年度报告的内容与格式（2017 年修订）》第四十二条规定，鼓励公司结合行业特点，主动披露积极履行社会责任的工作情况，公司已披露社会责任报告全文的，仅需提供相关的查询索引；第四十四条规定，属于环境保护部门公布的重点排污单位的公司或其重要子公司，应当根据法律、法规及部门规章的规定披露主要污染物及特征污染物的名称、排放方式、排放口数量和分布情况、排放浓度和总量、超标排放情况、执行的污染物排放标准、核定的排放总量，以及防治污染设施的建设和运行情况等环境信息，重点排污单位之外的公司可以参照上述要求披露其环境信息，鼓励公司自愿披露有利于保护生态、防治污染、履行环境责任的相关信息。这些规定能够使相关各方与企业达到信息对称，对各利益相关方获知企业的环境责任信息存在重要意义，有助于杜绝企业只从自身利益出发，对可能会由此造成的环境问题不管不顾。就企业而言，对企业环境责任信息进行披露有利于树立企业诚信负责的良好形象，提高企业信誉，同时提高企业的价值。

十九大报告明确指出，我们要建设的现代化是人与自然和谐共生的现代化，既要创造更多物质财富和精神财富以满足人民日益增长的美好生活需要，也要提供更多优质生态产品以满足人民日益增长的优美生态环境需要①。过去五年来生态

---

① 资料来源：http://www.gov.cn/zhuanti/2017-10/27/content_5234876.htm，2017 年 10 月 27 日。

文明建设成效显著，但是生态环境保护依然任重道远。我们要牢记"决不以牺牲环境为代价去换取一时的经济增长"。因此，必须加大环境治理力度，着力解决突出环境问题。我们既要绿水青山，也要金山银山。十九大报告明确指出，提高污染排放标准，强化排污者责任，健全环保信用评价、信息强制性披露、严惩重罚等制度，同时指出构建政府为主导、企业为主体、社会组织和公众共同参与的环境治理体系①。当前，我们迫切需要建立环境管控的长效机制，让环境管控发挥绿色发展的导向作用，有效引导企业转型升级，推进技术创新，走向绿色生产。同时，鼓励发展绿色产业，壮大节能环保产业、清洁生产产业、清洁能源产业，使绿色产业成为替代产业，接力经济增长。十九大报告指出，必须树立和践行绿水青山就是金山银山的理念①。绿水青山既要求优良的环境质量，也需要生态健康的保障。要实现绿水青山就是金山银山，必须推动绿色产品和生态服务的资产化，让绿色产品、生态产品成为生产力，使生态优势能够转化成为经济优势。当前，我们应当全面深化绿色发展的制度创新。综上所述，十九大报告对包括企业环境责任信息披露在内的生态环境保护提出了明确的指导意见，使我国生态文明建设和绿色发展迎来了新的战略机遇。

与此同时，大数据时代已经到来，在此时代背景下数据挖掘技术在全世界范围内得到越来越多的关注，鉴于数据在人们当今生活中变得愈发重要，于是，尽可能依靠大数据时代的优势来达到使我国企业环境责任信息披露的相关法律法规与政策制度更加完备的目的的方法显得尤为可行。大数据时代的不断深入为经济、科技的发展提供新的机遇，同时也提出新的要求。调查研究表明，与大数据相关的不同性质、不同行业、不同地域的企业对企业环境责任承担的关注度及其环境责任信息披露效果均有不同。企业需要较好地履行环境责任，在创造经济价值的同时保护环境可持续发展，才能够实现长久发展，才能在经济、科技发展浪潮中屹立不倒，才有助于所在地区经济的稳步发展。

大数据时代不仅为贵州省的发展提供了新的机遇，也提出了新的要求。贵州省是国家大数据实验中心，周禹杉（2015）预计贵州省信息产业产值 2020 年实现

---

① 资料来源：http://www.gov.cn/zhuanti/2017-10/27/content_5234876.htm，2017 年 10 月 27 日。

超越 10 000 亿元的信息产业产值的目标,信息产业产值在贵州省工业增加值中的比重约占到 23%。贵州省经济和信息化委员会数据显示:至 2014 年底,贵州省将电子信息产业作为最重要产业的园区增至 25 个,电子信息企业达到 1721 家,大数据与其关联产业注册企业增加 263 家。大数据产业对贵州省经济体制而言愈发重要。在大数据时代的背景下,大数据产业必然对贵州省企业环境责任和环境责任信息披露提出新的要求。

通过查阅大量文献发现,不同性质、不同行业、不同地域的企业对企业环境责任信息披露的关注度和披露效果均存在着不同。国外文献鲜有将环境责任信息披露作为研究对象的分析。从我国学术研究人员的相关文献中不难看出,企业环境责任信息的披露受到多方相关因素的影响。杨熠等(2011)以重污染行业上市公司 2006~2008 年年报的环境责任信息披露状况为切入点展开研究,得出公司规模、盈利能力、财务杠杆都会明显影响环境责任信息披露水平的结论。祁斐(2013)在 2013 年通过参考公司内部层面企业环境责任信息披露动因研究,以企业面临的外部压力为立足点进行动因分析,分析指出不同行业企业承担的外部压力对企业环境责任信息披露的影响也会不同,且政府压力、市场压力和社会压力与企业环境责任信息披露水平呈现正相关关系。

基于公司的目标——企业价值最大化来看,一家积极主动做好环境保护工作并且积极披露相关环境责任信息的企业往往比不注重披露环境责任信息的企业更能得到利益相关者的偏好,企业披露环境责任信息能够帮助社会公众深入认识该企业,自觉、自愿披露行为是打破各利益相关方和企业之间壁垒的有力力量,这一行为降低了信息不对称的不确定性风险,对企业而言也能有效提升企业的声誉、社会形象及市场价值,这些无形资产无疑会给企业带来良性循环。例如,良好声誉的企业的融资环境会更为宽松,融资成本也更容易降低,信息对称为企业经营活动的可持续发展奠定稳定的基础。以贵州省为例,各家大数据企业是贵州省上市公司中的佼佼者,也是贵州省发展大数据产业的主要驱动力,大数据企业在履行环境责任及披露环境责任信息方面应该率先垂范、主动作为。从过去的实践中可以看到,许多上市公司对环保投入十分吝啬,多数是迫于政府压力不得不投,对它们而言环保费用是负担和不会有收益的成本投入,而且环保投入数量大、要求高，也使很多企业举步维艰，难以高效地完成环保任务，只能在环保投入上大打折扣，并且在环境责任信息披露方面也仅是为了符合合法性而进行披露，披露的信息往往存在内容随意、缺乏完整性、质量较差等问题。在贵州省经济转型的大背景下，对大数据上市公司的环境责任信息披露开展实证研究，有利于分析大数据企业的环境行为及环境责任信息披露行为，并使政府能够针对性地提出监管措施。

在数据"多维"时代，有效应用大数据对企业的环境责任信息进行披露具有较大的优势：第一，可靠性。过去企业披露的环境责任信息缺乏对其生产和经营过程的持续性描述。现在，在大数据背景下能将所有信息展开全面分析，整理出信息组，客观、真实地反映企业环境责任信息状况的真实性。充分发挥大数据环境的优势，充分利用有关数据使企业环境责任信息更加真实、可信，这也是贵州省企业披露环境责任信息的优势。第二，多样性。传统的环境责任信息披露手段难以系统、全面地反映企业各方面的数据信息，监管部门和社会公众无法准确识别与判定其环境责任活动情况，现代大数据手段收集整理记载信息的方法灵活多样，能从不同角度、用不同方法获取可靠的企业环境责任信息，有助于公众了解企业是否尽到了环境责任。在大数据环境下，企业信息更透明，对外部监管也有重要意义。第三，可追溯性。过去，获取企业环境责任信息的方法路径表现出不可控性的特点，无法对历史数据进行跟踪，现在在大数据条件下，数据能记载在不同的维度，不同维度间的数据分析为关联企业的环境责任信息提供了可追溯性，并且数据能稳定、长久地保存，追溯相关数据时也更方便、准确、快捷。

虽然以大数据作为技术支撑来披露企业环境责任信息具有诸多优点，且有极富启发性的参考价值，但迄今为止，尚未有学者具体分析贵州省企业环境责任信息披露问题。为了促进贵州省大数据行业的发展，更好地为其提供相应服务，本书试图综合分析大数据背景下贵州省企业环境责任信息披露状况，针对贵州省的实际发展情况进行影响因素分析和政策建议，这将对促进贵州省企业可持续发展目标的达成意义重大：①从理论角度来说，通过对大数据背景下企业环境责任信息披露的各影响要素实行案例研究，填补国内外在该领域相关研究的空白，同时为企业的环境责任信息披露和环境责任等方面的研究提供参考；②从现实方面来看，通过搜集贵州省企业环境责任信息披露现状的相关数据，分析其与企业发展及其他因素的相关关系，为进一步促进贵州省经济的可持续发展提供切实可行的政策建议。这样有利于加大贵州省企业重视环境责任信息的程度，认真贯彻落实十九大报告精神，不断增强创新、协调、绿色、开放、共享的发展理念，坚持人与自然和谐共生，建设生态文明，以降低企业的不当生产经营活动对贵州省生态环境导致的不良影响，有利于贵州省境内企业更好、更快地实现大数据时代下的绿色发展。最终达到促进贵州省生态环境保护和走可持续发展道路的目标，形成绿色发展方式和生活方式，毫不动摇地走生产发展、生活富裕、生态良好的文明发展道路，为贵州城乡居民营造一个更好的生产生活总体环境，最终为贵州省经济增长提供新的驱动力。

为了更好地保证大数据企业能够良性发展，本书拟综合分析大数据企业的环境责任履行状况，针对行业实际发展情况进行分析并提出政策建议，这对促进大数据企业可持续发展具有重要意义：通过数据和统计工具分析大数据企业环境责任履行、环境责任信息披露的相关影响因素、现实状况等问题，为改善企业环境责任履行和环境责任信息披露提供参考；通过调研各地区大数据企业环境责任履行状况，分析其与企业发展及其他因素的相关关系，为进一步促进大数据行业经济可持续发展提供政策建议，有效提高大数据企业对环境责任的重视，降低这一新兴行业在企业生产时对环境的负面影响，促进大数据企业环境保护和可持续发展。

1.2 研究框架

1.2.1 研究内容

（1）对大数据背景下企业环境责任信息披露进行理论分析。以对国内外最新研究成果进行综合分析为出发点，从经济学、会计学、财务管理理论的整体分析入手，在有理论基础支撑的前提下对大数据背景下企业环境责任信息披露的影响因素作出相关假设。

（2）贵州省上市公司企业环境责任信息披露现状分析。将研究重心放在贵州省上市公司上，从年度、行业、企业性质、企业所属区域等方面整体分析把握贵州省典型地区企业环境责任信息披露现状，并较深层次地研究上市公司披露的关于内容与数据这两方面的企业环境责任信息。

（3）国外及国内其他省区市相关环境责任信息披露管理的经验启示。其他国家及国内其他省区市进行企业环境治理和环境责任信息披露的成功案例能为贵州省解决环境责任信息披露问题提供经验与启示。

（4）贵州省企业提高环境责任信息披露能力的对策研究。拟根据前文分析的贵州省典型地区企业环境责任信息披露影响动因，从国内外先进经验出发，结合贵州省实际情况，探索贵州省企业环境责任信息治理的路径，尤其是结合贵州省大数据产业的发展，探索利用大数据产业促进贵州省企业积极履行和披露环境责任信息，保住青山绿水，推动贵州省经济可持续健康发展的进程。

1.2.2　研究难点

本书研究难点在数据的采集、样本的选取及模型设计方面。在众多数据中挑选出比较符合客观实际的样本数据，要求样本真实、可靠。且目前相关参考文献较少，有关经验不足，无疑增加了当前的研究难度。当然一旦能取得较为翔实的数据资料，并对其展开深入分析，则有利于推动企业环境责任信息披露的研究取得实质性进展，为贵州省经济社会的持续健康发展贡献力量。

1.2.3　研究思路

以在大数据背景下以企业环境责任信息披露为基础进行理论分析为出发点，对贵州省具有代表性的地区企业环境责任信息披露状况进行探究，继而对其展开动因分析，且全面探究该动因与企业环境责任信息披露之间的作用机制，作出对应的假设，构建实证模型且验证该假设是否成立，进而将研究样本进行合理的分类，更深层次地验证上文分析得出的动因对不同行业下的环境责任信息披露质量是否有不同影响，借鉴当前企业环境责任信息披露积累的经验，从贵州省实际情况与大数据产业的发展出发，提出相应的政策建议并对下一步的研究方向进行展望。

1.2.4 研究方法

本书通过比较分析法、实证研究法、文献法和内容分析法对大数据背景下贵州省企业环境责任信息披露状况进行研究。

（1）比较分析法。当前已经有许多企业越来越关心环境责任信息披露问题，并采取了有效措施来增强公司履行环境责任意识，对其环境责任信息的披露水平进行改善和提高。因此，本书以对研究成果进行分析为出发点，比较贵州省企业与国内外先进企业的不同，借鉴国内外先进建议和经验，改善贵州省企业对环境责任的承担无意识的状态，提升其环境责任信息的披露质量。

（2）实证研究法。本书以采集和收集研究对象的相关数据为基础，研究大数据背景下影响企业环境责任信息披露的因素，在实证结果的基础上有根据地提出有利于贵州省企业发展的建设性意见，推动贵州省经济的长期稳定发展。

（3）文献法。通过整理世界范围内企业环境责任信息披露的有关文献并进行分析，建立企业环境责任信息披露的理论架构，为分析对其产生影响的因素提供理论基础。

（4）内容分析法。以对企业环境责任信息披露为基础进行研究，本书全面、细致地研究和甄别公司披露的企业环境责任报告，区分内容信息和数据信息，对报告内容进行甄别和分类，将企业披露的环境责任信息细分为几大要点并进行打分处理，进而为下一步的实证研究提供依据。

1.2.5 技术路线图

本书的技术路线图如图 1-1 所示。

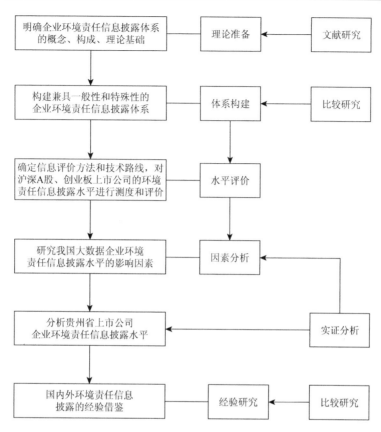

图 1-1　研究框架技术路线图

第2章 文献综述及理论分析

2.1 文 献 综 述

2.1.1 环境责任履行情况分析

Neu 等（1998）认为企业环境责任信息的披露是一种合法管理，其主要动因是外部压力。Hughes 等（2001）认为环境责任信息披露是企业转移政策压力的工具，而并非基于强烈的主动性。当然，无论其披露动机如何，环境责任信息的披露都是企业履行环境责任的一种反馈，都是实现其可持续发展的关键环节，也能够对企业塑造良好的形象、实现企业经营效果有积极作用。Anderson 和 Frankle（1980）、Gray 等（2001）、汤亚莉等（2006）、刘儒昒和王海滨（2012）、沈洪涛（2006）等学者均肯定了企业盈利能力与企业环境责任信息披露呈正相关关系。

Flammer（2013）发现公司履行环境责任的行为有助于提升股票价值，而那些不履行环境责任的公司面临着股票价值下跌。着眼于过去30年来股市反应演变的过程，不难看出政府加大了对企业不负责任行为的惩罚力度，负责任行为的报酬上升了。这表达了一点，即时间的推移使得股东们增进了对环境方面的了解，于是 Flammer（2013）认为企业应履行其环境责任。Juhmani（2014）以在巴林交易所上市的公司为例，探究了该部分公司在其环境责任信息披露方面的实施水准，以确定企业规模、盈利能力、财务杠杆水平、企业年龄等方面在合法性理论下的环境责任信息披露。Juhmani（2014）研究发现，财务杠杆、审计方的能力大小都与环境责任信息披露水平存在明显联系。

万莹仙（2009）、王桂花等（2014）分析发现，普遍来说目前我国企业承担环境责任的意识较淡薄，大多数企业缺乏对承担环境责任益处的重要性认识，且通常因为政府与社会各方面的外界舆论对其施压，被迫承担其环境方面的责任，于是大部分企业视承担环境责任带来的开销为企业成本的增加，而无法发现在承担责任的同时，企业的经营业绩与消费者对其的好感都在提升。针对这一现状，在仔细研究其产生的根源的基础上，借鉴发达国家在企业环境责任管理方面的先进经验，学者们探讨和完善了我国企业环境责任履行的若干手段和策略，从而为促进企业更积极、更自觉地履行环境责任提供参考。

韩金红（2015）基于生态文明视角对 2003～2013 年新疆维吾尔自治区上市企业进行研究发现，当企业价值越高时，企业环境责任履行情况越好。阚京华和董称（2016）、刘丽等（2017）、袁增伟和毕军（2006）证明了此研究结果。冯俊华等（2016）根据制革行业清洁生产环保规范，全面分析制革企业的环境责任内容，制定了制革企业环境责任评价指标体系，应用模糊综合评价法对企业环境责任履行情况展开验证，发现分析结果与实际环境质量管理水平一致。同时陶冉等（2011）以汽车制造企业为例，通过对汽车制造企业承担的环境责任进行分析，不难看出汽车制造企业履行了包括产品研发、投入生产与最终产品等环节的环境责任后，在改善全球环境的基础上，也会明显提高企业本身的利润率。而这种影响水平对不同的企业会有所不同，企业的环境责任技术性、成本化及企业全球化战略等方面应用水平不同的企业影响水平也必然不同。

2.1.2　企业环境责任信息披露的重视程度、价值及评价

Abbott 和 Monsen（1979）、Deegan 和 Rankin（1996）、Hackston 和 Milne（1996）、Holder-Webb 等（2009）研究发现，环境问题在企业年度报告中受到持续性的极大关注。Deegan 和 Rankin（1996）认为，现有的环境问题包括：环保政策、环境规划情况、为符合环保要求采取的措施。

Shaukat 等（2016）通过对公司的环境责任信息披露与盈利能力和市场价值的关联关系进行分析，发现企业过去的盈利水平决定了当前环境责任信息的披露。与现有的研究相反，环境披露与盈利状况不存在明显联系。同样与现有的研究得出不一致结果的还有 Pintea 等（2014），Pintea 等（2014）将罗马尼亚的上市公司作为研究样本，以期得出公司环境表现和财务状况两者的联系。研究发现，发展中国家关于这方面不像经济成熟的国家一样有着显著的正向或负向关系。

Akeem 等（2016）、Elsakit 和 Worthington（2014）研究发现，环境责任衡量、公司治理水平均会对公司信息披露准确性造成影响。Akeem 等（2016）考察了环境责任测度对航运公司环境责任信息披露质量的影响后发现，对环境责任的衡量确实会影响航运公司环境责任信息披露质量，因此建议公司应当考虑现行法律法规，监管参与程度，利用现有技术和可用的技术经验等来加强公司环境责任信息披露意识，提高信息披露度。Elsakit 和 Worthington（2014）以银行业为例探讨了企业特征和公司治理对企业社会与环境责任信息披露水平及程度的影响，发现企业特征和公司治理在决定企业社会与环境责任信息披露水平及程度方面有着重要作用。

肖艳玲和苗朝阳（2017）分析企业环境责任信息披露的方式后得出结论，我国企业环境责任信息披露意识的薄弱、环境责任信息披露体制机制的不完备，导致环境责任信息披露内容方式有所欠缺、行业差距拉大、公信力较弱等问题。为此，他们有针对性地探析出我国企业环境责任信息披露的方法与路径，推动企业环境责任信息披露水平的提升。此结论得到了孙玥璠和武艳萍（2016）、张本越和焦焰（2017）的证明。张本越和焦焰（2017）强调在政府的引导监管下企业环境责任信息的披露逐步规范化，但情况仍不容乐观。鉴此，站在政府与企业就披露环境责任信息这一问题正在进行博弈的视角来看，应用构建博弈模型的方法算出纳什均衡解，对其进行研究，为政府的高效监管贡献合理建议。无独有偶，孙玥璠和武艳萍（2016）指出与国外相比，我国环境责任信息披露的完善水平较低，企业对其不够重视、积极性不高等导致最终披露比例较低。

2.1.3 影响企业环境责任信息披露的因素

关于企业环境责任信息披露的影响因素，国内外学术界已经从各个不同角度在不同的层面上进行了研究和讨论。Dierkes 和 Coppock（1978）、Trotman 和 Bradley（1981）通过实证分析，发现影响企业环境责任信息披露的主要因素是企业规模，即规模大的企业更愿意披露其环境责任信息。Trotman 和 Bradley（1981）根据多个国家调查问卷的数据结果分析后指出，企业环境责任信息披露的影响因素不仅包括企业规模，还包括企业经营环境中面临的系统性风险及企业的长期经济利益等，这些都可能会影响企业对环境责任信息的披露意愿，即规模越大、系统性风险越高、长远经济利益越大的企业越倾向于披露其环境责任信息。Cowen 等（1987）研究认为，除了公司规模之外，公司的盈利能力大小、企业所在的行业特征及社会责任委员会的有无都与企业是否积极披露环境责任信息具有正向的相关性。Roberts（1992）认为，企业所披露的环境责任信息应该成为企业履行环境责任好坏的最佳标准，而企业的股东影响力、利益相关者强势与否、企业的战略选择及业绩表现是影响其环境责任信息披露的主要因素。Epstein 和 Freedman（1994）指出，企业并不愿意自行披露其环境责任信息，只有迫于环境保护法律法规等外部压力时才公布其环境责任信息。Rodriguez 和 LeMaster（2007）则提出了相反的观点，在建立企业环境责任信息披露模型进行分析之后，认为应积极发挥市场的作用，通过市场发现环境责任价值来激励企业自愿披露环境责任信息，而非由证券交易委员会进行统一的强制性规定。Holder-Webb 等（2009）调查研究了美国企业长达十年的企业环境责任信息披露情况，研究结果说明，公司规模和所处行业特点仍然是推动企业积极披露环境责任信息的重要影响因素。同时 Holder-Webb 等（2009）还指出，就公司规模这个影响因素而言，公司规模对采用网站披露相关信息的企业环境责任信息披露水平可以产生正向的相关影响，但对单独以文件形式披露的公司环境责任信息披露水平则产生负向的相关影响。Santos（2011）专门针对葡萄牙地区的中小型公司披露企业环境责任信息的动机进行研究探索，通过发放问卷的方式进行调查发现，如果被调查的中小型公司属于非正式的组织结构时，该公司便不会认真地将企业环境责任作为日常的管理活动。Santos（2011）认为，促进公司积极披露环境责任信息的因素可以大致划分为四类：第一类是来自大众广泛认可的利益驱动；第二类是来自政府、竞争者、消费者或者社区组织等外部组织的压力驱动；第三类是来自社会伦理道德要求；第四类是源于企业的自身意识，如企业逐渐意识到良好的环境责任表现可以维护企业良好的社会形象，从而能维系并巩固企业的商业关系、投资关系和客户关系，间接地提高企业的潜在价值。Kuo 等（2012）认为，就我国企业的环境责任信息披露情况来看，其主要影响因素是企业的所有者属性及其行业特征，属于严重污染行业的企业迫于环境保护法律法规的规定，更多地披露其环境责任信息，同时国有企业因为政府所要求的社会职能，也更愿意披露其环境责任信息。此外，Kuo 等（2012）还发现，企业社会环境责任信息披露对投资者的影响较小。Khan 等（2013）从公司治理的角度，运用实证分析方法研究了股权集中度、两职设置情况等因素与企业环境责任信息披露之间的关系，发现股权集中度与其环境责任信息披露水平显著负相关；但两职设置情况与企业环境责任信息披露水平无显著相关性。赵展（2013）的研究选取在上海证券交易所（以下简称上交所）上市的生物制药类公司为样本，从合法性的理论角度展开分析并得出结论，他认为社会公众并不会对公司履行环境责任产生较大的合法性压力，企业披露其环境责任信息的主要动机在于法律法规或政府相关部门的规定。胡铃铃（2012）认为企业履行环境责任的动机大致可以分为三种：一是由社会道德引起的；二是被利益驱使的；三是源于外部压力的胁迫。这三种驱动机制对企业环境责任履行的影响各不相同，由于社会道德动机的强弱主要受公司高级管理层的教育背景、文化素养等较为主观的因素影响，具有较大的局限性；当企业目光短浅只看重眼前利益时，就会避免更多地履行环境责任，与此相反，注重长期利益的企业更倾向于履行其环境责任并对外披露；此外，法律法规或政府部门的规定等外在压力是我国企业披露环境责任信息的最主要的驱动因素。

2.1.4　环境责任信息披露质量分析

对全世界范围内的经济代理人而言，企业社会责任变得日益重要，因为利益各方对企业活动及其与利益相关者关系的各个方面都有了新的关注。如 Fiori 等（2007）研究企业环境责任信息自愿披露对意大利上市公司股票价格的影响，分析环境责任的履行是否能以某种方式促进股市价格的上涨。结果发现，可能是由于企业环境责任这一概念在意大利较新，样本量较少，故二者之间并未表现出明显的关系。Ane（2012）通过分析我国重污染企业对环境责任信息披露的水平发现，这些公司披露的环境责任信息内容有限、缺乏完整性、披露的模式呈单一化的特征、效用较低。此结论得到了 Liu 等（2011）的证实。

冯波等（2014）对我国重污染行业上市公司的社会责任报告进行了分析整理，

并辅之以必要的实证检验，发现存在国有企业受社会公众监督的程度高于民营企业的可能性，从而导致国有企业的环境责任信息披露质量较之民营企业更好。陈共荣等（2011）、奚宾和刘赟（2017）也进行了此类的研究，并针对公司治理结构的健全、环境责任信息披露质量的提升提出了政策建议。一些学者发现，就环境责任信息披露质量而言，股东持股比例、独立董事声誉和外部审计质量对环境责任信息披露存在显著影响，而独立董事在董事会所占比例与其自身背景对环境责任信息披露却不存在明显的影响。李长熙和张伟伟（2014）、陈洪涛等（2017）、刘茂平（2012）进行了有关研究，发现企业债务规模、营运效率仅影响上市公司环境责任信息的透明度，但未明显影响企业环境责任信息披露质量。就国有控股企业而言，股权越集中，越能提升环境责任信息披露质量；但就非国有控股企业而言，股权越集中，越降低环境责任信息披露质量。

王洁明（2011）认为，针对当前我国企业环境责任信息披露不充分、实用性不强、披露格式不统一、披露信息可比性不足等问题，亟须完善环境责任信息披露的相关法律法规，加大政府监督力度，大力发展环境会计理论研究，不断完善我国企业的环境责任信息披露制度，促进经济进一步又好又快地发展。此结论得到了方莹（2013）、张长江和许一青（2014）、余青英（2015）、姚翠红和李恩恩（2016）的证实。虽然我国企业对环境责任信息的披露仍有较多不足之处，但是有学者如舒岳（2014）、舒利敏（2014）、罗文兵等（2016）发现，我国企业对环境责任信息披露的重视程度在近年来有所加强，环境责任报告发布数量逐年上升，体现资源使用状况的信息公布意愿增强，披露的各项环境责任信息占内容总体的份额与披露该信息的公司数量占公司总体数量的份额都有了一定程度的提高，环境责任信息披露数量和质量都呈上升趋势，不同行业与地区的环境责任信息披露水平明显不同。综上所述，我国企业披露其环境责任信息的方式方法并不完全合乎规定，很大数量的企业是因为外部相关制度要求其必须执行的压力才将其环境责任信息进行公开，缺乏自主披露的意识，其中一些企业在披露环境责任信息时存在避重就轻、报喜不报忧的现象，披露的信息不足以令公众信服。而就当今总体状况来说，现今的有关文献很大一部分都是研究环境责任信息披露与外部压力、公司治理、公司特征的联系，而并未将大数据实验融入其中。

2.1.5 大数据对企业环境责任信息披露的影响

沈弋等（2014）分析了大数据对企业环境责任信息披露的影响，为更好帮助企业面对这一新兴环境的挑战，提出在大数据环境下，包括环境责任信息在内的企业社会责任信息具有融合性、多样性和可追溯性。郭丛冉等（2015）提出，在大数据的环境下，企业的社会责任报告将会更加真实、可靠，贴近企业行为本身，并帮助企业实现均衡发展。许莉和王殿宇（2016）根据 16 家上市银行非财务信息披露的现状，从大数据环境背景及数据挖掘的技术视角进行分析，阐述大数据分析在数据采集、分析及信息质量鉴证等方面对非财务信息披露起到的积极作用。张向钦（2017）从信息披露的格局、基础及路径等角度入手，分析了数字信息变革对上市公司社会责任信息披露的影响。刘晓丹（2017）提出在企业非财务信息披露中使用大数据，以提升企业信息披露的效率与质量。陈鑫（2017）对基于大数据的企业社会责任信息披露平台构建进行了研究，发现企业社会责任信息披露的大数据平台提高了使用者做出社会责任方面的决策的准确率。

2.2　文　献　评　述

虽然国内学术界人士就企业环境责任信息披露的情况实施了较多的理论和实证方面的探析，但仍存在企业环境责任信息披露内容框架不明晰、计量分析方法落后、研究对象单一和信息来源狭窄且有限等不足。下文从三个方面对国内外文献综述进行简单的论述。

（1）对企业环境责任信息披露的计量是衡量企业环境责任信息披露水平，对企业环境责任信息披露进行实证研究的基础。但目前大多数学者的研究忽视了对计量分析方法的说明，落后的计量手段也是当前的又一大问题。

（2）研究对象单一是目前学者进行研究的主要局限问题之一。由于部分信息数据的渠道闭塞，或数据搜集整理的难度较大，目前学者进行的实证研究大都局限在以上市公司为实证研究对象上，这样一来虽然大大降低了数据搜集难度，减少了不必要的数据误差，但也因此排除了我国的非上市公司。忽视了那些数据较难搜集的非上市公司，虽然在一定程度上减少了数据搜集的难度，但这种类型的公司具有数量多、分布广的特征，或许对我国的国民经济更有影响力，有着更强的社会责任敏感度。

（3）信息来源狭窄且有限是现有研究的另一个主要障碍。企业披露其环境责任信息有很多路径可供选择，如企业财务年报、公司官网、各种宣传资料等。但是由于没有单独披露的环境责任报告，人们大多只能在年报中找到相关的环境责任信息数据，会忽略对公司官网和宣传资料所披露的环境责任信息的关注，从而会降低对企业环境责任信息披露水平的评估，造成研究结论的偏差。

本书与现有研究相比的创新之处在于：在大数据背景的前提下，在对沪市 A 股、深市 A 股和创业板进行理论分析与实证探究的基础上，本书将贵州省的上市公司作为研究对象，采用内容分析法提取出所需的有关企业环境责任履行情况的数据，对这些数据进行基本的描述性统计，继而分析得出统计结果，从统计结果出发，提出有关的政策建议，进而提升贵州省企业自觉、自愿履行其环境责任的意识，推动贵州省经济可持续发展的进程。

2.3　理　论　分　析

企业环境责任信息披露是企业履行社会责任信息披露的重要组成部分，本节将对相关概念、企业社会责任理论基础、企业社会责任信息披露相关理论和企业环境责任信息披露相关理论进行阐述。

2.3.1　相关概念

1. 大数据概念及特点

迄今为止并没有一个完整准确的关于大数据的定义，而综合当前对大数据的主流描述，其基本要义应体现为，大数据是基于互联网与计算机的一种利用海量数据的数字化分析方法。总体来说，大数据具有信息量大、信息主体多元、更新速度快和价值密度低等特点。由此可见，可以说是计算机和互联网实现了大数据的数据性与网络化。也正是这两者才使得大数据呈现出强大的生命力。而由于大数据不能在容许的时间内使用常规方法对数据的基本内容进行分析与处理，在进行大数据管理时需要新的处理模式才能够使管理者具有更强大的决策力与洞察力及处理海量信息资产流的处理能力。比较有代表性的是 4V 理论，即认为大数据有以下 4 个特征：规模性（volume）[数据起始数量至少为 PB（peta byte，千万亿字节），即 1024TB（trillion byte，万亿字节）]、多样性（variety）（数据来源丰富，数据类型多样化）、高速性（velocity）（通常在秒级单位给出数据分析结果）和价值性（value）（高价值量，但价值密度低）。

第一，大数据具有庞大的数据库体系。总体来说，大数据具有巨量到难以用现有的数据体系进行操作衡量的数据集合，而这些数据的庞大体现在以下三个方面：一是数据来源庞大，由于当代社会社交网络的不断普及，社交软件、云计算、物联网等数据都呈现出爆炸式的发展，与计算机相关的各类数据来源不断增加，使得大数据的数据来源异常繁多；二是数据体量巨大，每天都会爆炸式地出现百万兆级别的信息，所以可以看出大数据已成为社会的一种新现象；三是数据处理速度快，如此庞大的数据体系如果没有一个合格的处理体系往往就会失去大数据的时效性，所以大数据的时效性也决定了大数据处理时的运行速度必须快。

第二，大数据具有强大的社会渗透力。就现代社会而言，大数据已然贯穿了社会生活的整个过程，不仅如此，大数据还具备了社会生产过程中资源、资料、资产的全部属性。而且大数据渗透到了整个社会的各个领域，其不仅是一种数据的处理模式，更俨然成为一种新型的资产。大数据可以说是市场经济、社会生产的共生体，其整体生态体系贯穿了生产、分配、消费的整个社会过程，而大数据作为现代社会最前沿的生产资源，其强大的社会渗透力甚至使得传统的生产关系发生从因果关系向相关关系的巨大转变，对传统经济架构产生了巨大的冲击。

第三，大数据具有巨大的社会价值。作为近些年发展起来的一种新型数据处理模式，大数据可以说对社会的进步与升级有不可估量的价值，然而不仅如此，其本身的商业价值与经济价值的升值空间更是不可估量，美国前总统奥巴马更是将它称为"未来的新石油",虽然说其本身的价值密度并不高,但是,通过一系列对数据的整合处理、分析使用,就可以创造出强大的生态价值与社会价值。对整个社会的新兴技术、新兴产品、新兴业态而言,大数据正慢慢成为它们发展进步的巨大引擎,对整个社会的发展与经济的升级创造不可估量的巨大维度,乃至于改变社会。

2. 企业环境责任

企业环境责任是指企业在经济活动中认真考虑自身行为对自然环境的影响,并且以负责任的态度将自身对环境的负外部性降至力所能及的水平,目标成为"资源节约型和环境友好型"生态企业。

3. 信息披露

信息披露主要是指公众公司以招股说明书、上市公告书及定期报告和临时报告等形式,把公司及与公司相关的信息,向投资者和社会公众公开披露的行为。上市公司信息披露是公众公司与投资者和社会公众全面沟通信息的桥梁。投资者和社会公众对上市公司信息的获取,主要是通过大众媒体阅读各类临时公告和定期报告。投资者和社会公众在获取这些信息后,可以将其作为投资抉择的主要依据。真实、全面、及时、充分地进行信息披露至关重要,只有这样,才能对那些持价值投资理念的投资者真正有帮助。

2.3.2　企业社会责任理论基础

1. 社会契约理论

社会契约理论(social contract theory)的萌芽产生于古希腊苏格拉底时代,其奠定了近现代西方的契约文化传统,极大地影响了近现代的社会和经济变革。社会契约理论最初是关于国家起源的一种学说,理论界普遍认为,托马斯·霍布斯(Thomas Hobbes,1588—1679)于 1651 年出版的《利维坦》(*Leviathan*)一书是现代社会契约理论的正式奠基者。霍布斯认为,国家是社会契约的产物,由于自然状态下人人平等,而社会契约所产生的国家体现了大多数人的意志,个人服从国家的各项规定表明个人接受了大众契约的约束，实现了契约对整个社会的调控作用。霍布斯之后，社会契约理论对西方各国乃至全世界都产生了普遍影响。卢梭（2011）指出，社会契约所要解决的根本问题是如何维护和保障每个社会公民的人身和财产自由。随着时间的推移，学者们不断丰富和完善社会契约理论，到20世纪80年代，部分学者开始将这种社会学说广泛运用于各种企业问题的研究中，这也为当时正迅速发展的全球性企业社会责任运动提供了重要的理论支持。Donaldson（1982）提出，社会是企业生存和发展的基础，因此依据社会契约理论，企业和社会这对主体需要通过形成稳定的企业社会契约来解决双方的利益冲突，同时双方共同认可的契约包含了法律和道德的内容，需要彼此为对方承担一定的责任，另外随着经济社会的不断发展，企业社会契约也会不断进行修正和完善。陈宏辉和贾生华（2003）也指出，企业是人格化的组织，是人与人之间复杂的显性和隐性契约交互组成的法律实体，承担相应的社会责任是履行各种契约的要求。林军（2004）认为，企业社会责任的产生、发展就是社会与企业间持续变化的社会契约关系的结果。因此，根据社会契约理论，企业的生产经营活动是根据其与社会之间的社会契约内容所确定的，这种社会契约部分表现为符合法律规定的显性契约——企业社会责任行为表现为强制性，部分表现为社会期望与规范的隐性契约——企业社会责任行为表现为自愿性。随着经济社会的发展，企业的存在是为了服务社会的观念也日益为大众所接受，企业的未来将取决于管理者对变化着的公众期望回应的效率。随着经济全球化的不断发展，全球契约已经对全世界的企业尤其是跨国公司的经营活动产生了巨大影响，促进了企业社会责任运动的发展。

唐纳森和邓菲（2001）指出，社会契约理论主要考察的内容是一个社会的经济行为人构造出能够被公民共同接受的道德理念的空间范围。李伟（2006）也认为，根据道德理念的不同空间范围，企业社会契约分为内部社会契约和外部社会契约，企业的股东、员工等内部的经济行为人所共同接受的道德理念即为企业的内部社会契约，以维护企业内部经济行为人的利益，而企业的消费者、其他组织和政府等社会管理者这些外部的经济行为人所共同接受的道德理念就是企业的外部社会契约，内部和外部社会契约共同保障了企业社会责任的履行。因此，从契约的角度，企业的社会行为要符合社会的道德要求，根据不同空间范围的共同道德理念产生出不同空间范围的企业社会责任要求。

唐纳森和邓菲（2001）进一步指出，所有社会契约理论研究方法的核心是人及尊重人的权益，如企业的高级管理层与顾客之间的社会契约体现了企业必须关心顾客的利益，企业与投资者之间的社会契约体现了企业必须维护股东的利益，以进一步提高社会公众的信任感。这种尊重人权、以人为本的理念为企业社会责任理论奠定了坚实的基础，后来也发展成企业社会责任理论的核心理念。

Donaldson 和 Dunfee（1994，1995）认为综合性契约将企业社会责任与利益相关者相统一。他们认为如果企业要进行长久发展，就必须重视其社会责任，考虑并满足利益相关者的合理要求。究其原因，是"企业是社会系统中不可分割的一部分，是利益相关者显性契约和隐性契约的载体"。

韦斯（2005）也指出，企业与顾客、社会公众之间的隐性社会契约的基础是信任，公司考虑顾客的利益是这个隐性社会契约的必然要求，当然，随着时间的推移，该契约也会随外部环境变化而变化。因此，根据社会契约理论，企业必须符合社会对其的期望，社会对企业的期望及期望的变化会不断改变企业与社会的隐性契约，从而影响企业社会责任的履行。

2. 利益相关者理论

利益相关者理论是跨越社会学及管理学的交叉领域，研究目标是帮助企业更好地可持续发展，研究对象是社会各群体与企业的关系。该理论始于 20 世纪 60年代，被西方发达国家学者逐渐关注并完善。但自从 20 世纪 80 年代以后，利益相关者理论的影响不断扩大，并使传统的企业治理模式及管理方式发生了根本性的变革。利益相关者理论是公司治理机制长期发展变化的产物，其发端于公司治理中管理权与所有权的两权统一向两权分离的转变，是对"股东至上"传统理论的一种否定和修正，因为长久以来股东利益最大化成为企业发展的唯一目标。然而随着人们自我保护意识的增强，理论界与实务界逐渐认识到企业也要关注周围人群的利益，如员工、顾客等。利益相关者理论认为企业不应只保护股东的利益，只专注于利润的增长，企业的经营管理应综合考量各方的权益诉求，寻求实现利益相关者整体权益最大化的目标。不同于以往人们对权益忽视的时代，当今社会更加追求公平、公正，利益相关者理论的产生和发展既是历史的必然，又反映了现代社会对市场经济发展的反思和校正。从理论渊源上说，利益相关者理论、社会契约理论、产权理论密不可分、相辅相成。广义的利益相关者理论来源于弗里曼（2006）《战略管理：利益相关者方法》一书中，即利益相关者是"能够影响到组织目标的实现或者受目标实现影响的个人和群体"。他认为，利益相关者即直接或间接享受公司利益的单位或个人（利益群体），包括供应商、客户、员工、股东、当地社区和企业管理者等。

　　企业社会责任的理论构成实际上是与利益相关者理论分不开的，利益相关者理论往往是在评价企业社会责任履行状况指标时所依赖的最主要理论之一，是评估社会责任体系的最紧密理论框架（Wood and Jones，1995）。虽然企业社会责任实际上是对利益相关者权益的保护，但利益相关者概念出现的时间是在企业社会责任概念之后，且在理论发展上，利益相关者理论由于借助于企业管理中的社会契约理论、产权理论，较成功地实现了与主流经济学的契合，具有坚实的理论基础。Wood（1991）率先在理论上将利益相关者理论融入广义企业社会责任中，他指出，利益相关者对其社会表现做出评价的依据不仅在于自身利益是否得到满足，还在于基于个人的认识及所接受的其他利益相关方是否实现利益的信息。他提出，企业社会责任实践中，对利益相关者的管理、对环境的评估、对社会问题的管理是最重要的三个部分。

　　Clarkson（1995）从实证角度，将利益相关者理论用于度量社会责任表现。他结合利益相关者理论的内涵，通过实证检验，认为利益相关者管理模型有利于企业更全面地考虑公司战略，将利益相关者管理融入公司战略管理中。他认为企业社会责任可定义为对不同利益相关者群体的特定责任，这种特定责任就体现在企业对社会问题、社会方案的处理中，企业处理社会问题、社会方案的结果就成为企业的社会责任表现。盛日（2002）认为，企业平衡其利益相关者的关系是其核心竞争力的首要表现，比新技术的应用、质量的控制及客户的满意度更重要。陈立勇和曾德明（2002）认为，利益相关者理论与实践的演进，使企业与社会的责任分工边界发生了重要调整，企业社会责任的履行，尤其是环保、解决失业率等方面的实践有效地解决了传统观点认为需要政府负责的许多问题，产生了重要的社会效益。马力和齐善鸿（2005）提出，企业社会责任与管理道德紧密相连，如何平衡企业利润最大化与社会利益的冲突是企业社会责任发展的原点和终点。

因为利益相关者广泛的群体利益直接构成了企业社会责任实践的对象，从而为以利益相关者理论开展企业社会责任的研究奠定了理论基础；同时，利益相关者理论模型的构建也为实证研究企业社会责任提供了基础工具。综上，利益相关者理论对企业社会责任研究的主要贡献为：首先，利益相关者理论构成了企业社会责任理论定义的核心内涵；其次，利益相关者理论为企业社会责任理论提供了有力的理论支持；最后，利益相关者理论为测度企业社会责任提供了工具及方法。

需要强调的是，虽然利益相关者理论与企业社会责任理论很密切，但企业社会责任问题与利益相关者问题涉及的层面、范围并不完全一样，企业社会责任视角更加广阔。所以，企业社会责任问题与利益相关者问题并不完全等同。我国学者对此也做了研究，张兆国等（2009）指出，利益相关者理论是企业社会责任理论的重要基础，企业社会责任可以划分为两部分，一部分为股东利益的经济责任，另一部分为利益相关者的其他责任。张兆国等（2009）提出，企业社会责任的"股东至上"的财务管理模式应向"利益相关者合作"的财务管理模式转变，"利益相关者合作"要求对企业财务目标、企业财务治理机制、企业财务政策、企业财务评价都做出变革，该研究拓宽了企业社会责任理论的研究视野。另外，企业规模越来越大，企业要缴税，缴税是向国家缴税，然后拿来为全体公民服务，可以说一定层面上全体公民都是企业的利益相关者。而企业要生存，履行社会责任的目的是促进企业的发展，不可能满足所有的利益相关者的利益，只能相对地、尽可能地满足对企业发展有重要关系的利益相关者的利益，即企业在追求更高利润的同时不仅不可侵犯利益相关者的权益，更要从道德责任上给予利益相关者人文关怀。然而如何把握这个尺度，平衡股东与其他利益相关者的利益，在互相博弈下实现企业的可持续发展，在不损害企业长远发展的基础上较好地履行企业社会责任是一大难题。本书认为，平衡企业自身追求利润的利益与利益相关者的利益是社会责任履行所要把握的尺度。

3. 企业公民理论

企业公民理论是最近几年在西方社会科学界兴起的一种理论派别。顾名思义，企业公民理论即将企业当成等同于个人的单个社会公民，社会公民有义务履行自己的职责（对企业来说就是通过经营活动创造社会财富），同时维护其他公民的利益（对企业来说就是承担起社会责任）。这个理论试图把企业看成与公民相当的社会结构和社会行动的组成部分，认为社会是企业利益的源泉，也是企业存在的基础。当企业因享有社会某些资源获得利益的时候，当然有责任以符合公民伦理道德的行动回报社会、奉献社会，同公民一样，在享有公民社会权利的同时也必须承担它对社会的义务。企业公民理论受企业伦理理论的影响。1962 年，美国政府公布了一个报告《关于企业伦理及相应行动的声明》，此举表达了公众对企业伦理问题的极大关注。1963 年，加瑞特（T·M·Garrett）等撰写的《公司伦理案例》一书中，搜集了大量的企业伦理案例并进行了分析。1968年美国天主教大学的沃尔顿（C. Walton）教授在其《公司的社会责任》一书中，倡导企业之间的竞争要以道德为目的。到 20 世纪 70 年代，企业伦理问题引起了美国公司更为广泛的关注。1974 年 11 月，美国堪萨斯州立大学（Kansas State University）召开了第一届企业伦理学研讨会，不仅深化了在此以前人们对企业伦理问题的研讨，而且标志着企业伦理学研究组织的正式确立。到了 20 世纪80 年代，国外伦理学进入了全面发展时期，企业伦理学在广度和深度两个方面迅速发展。企业伦理理论认为企业不能仅以营利为目的，还应遵守公民社会中的道德、文化、习俗乃至规范，即企业不仅具有经济性，还具有一定的文化性与道德性。可以说，企业法人不仅是经济主体还是道德主体，具有"人"的道德特性。道德责任是企业社会责任的基础，也是企业恪守社会责任的底线，它是社会对企业最基本的期望。企业伦理责任就是企业应该努力使社会不遭受其经营活动、产品及服务的消极影响，让民众能够放心使用企业所提供的产品或服务。

美国波士顿学院（Boston College）的企业公民研究中心对企业的公民特性做了大量研究，认为企业公民具有三个基本原则：危害最小化、利益最大化、关心利益相关者并对他们负责。Zadek 等（1997）提出"企业公民基本原理三角模型"，认为成为一个良好的企业公民来源于三个方面：第一，公司管理层需要认清公司外部环境，并产生协调内外问题的动力；第二，社会广泛重视企业社会责任的履行，促使企业改进在社会和环境方面的绩效；第三，强调企业的道德价值，企业享有某些利益相关者不具有的特有资源，在社会实践中理应承担相应的义务。2003年世界经济论坛认为，企业通过它的核心商业活动、慈善行为、社会投资、参与公共政策对社会作出贡献，企业处理与经济、社会、环境的关系及与利益相关者的关系的方式影响着企业的长期发展。信息的全球化推动了跨国公司的快速成长与发展，同时助力经济全球化的实现。于是，东道国希望从跨国公司的投资中获得更多的经济利益和社会利益。由于跨国公司采取跨国经营的方式，它们的全球化战略和雄厚的经济实力对东道国经济、社会的影响也与日俱增。所以，跨国公司的社会责任具有更大范围内容和更深层次意义，具有自己独特的行为准则：跨国公司守则和行业国际标准。

4. 可持续发展理论

自工业革命以后，虽然人类社会经济发展迅速，但人类赖以生存的地球的生态环境遭到了严重的污染和破坏，海啸、地震、洪水等都是大自然给予人类的警示。随着环境问题的日益严重，可持续发展的思想逐渐萌芽、形成。

17 世纪，可持续发展理念的雏形首先出现在德国。德国当时有一条对砍伐树木的法律限制，其具体的法律条文规定：砍伐树木的数量和比率应当可以使得树木资源在一定时间内实现再生，采伐必须采用一种合理的和可持续的方式进行。时间之船驶到 20 世纪 80 年代中期，可持续发展渐渐开始成为一个众所周知的理念。1987 年，布伦特兰夫人（挪威首相）在世界环境与发展委员会所提交的报告《我们共同的未来》中，提出"永续发展"即"可持续发展"的概念，其含义是既满足当代人们的需要，又不影响后代人的需求。这个定义在 1992年举行的里约热内卢地球高峰会中获得了多数国家的认可，之后可持续发展成为各国在经济发展中必须要同时关注的共同追求的目标。近年来，我国众多学者对可持续发展原则也达成了一致的观点，即可持续发展应遵循几个原则，分别是公平性原则、持续性原则、共同性原则。公平性原则强调的是"代际公平"，即当代人与下代人之间的公平；持续性原则强调人类经济活动不应该超过资源环境的承受能力；共同性原则强调只有全球性的协作才能实现可持续发展的共同目标。

作为一个跨学科的综合性课题，企业可持续发展既涉及社会学、经济学，也涉及伦理学、管理学、法学等多学科、多层次的丰富内容，它的实现必然是企业内部资源、外部资源及所处环境共同作用的结果。毫无疑问，当代企业获得可持续发展和赢得竞争优势的源泉之一即企业社会责任。根据美国的《财富》杂志报道，在美国，寿命不超过 5 年的企业大约占 62%，存活年限达到 50 年的企业只有 2%，而中小企业平均寿命都不到 7 年。根据日本的《日经实业》调查结果，在日本，企业平均寿命只有 30 年左右。因此，企业想长存长续且基业长青，需要不断增强可持续发展能力，且与自然环境、社会环境建立更加和谐的共生关系。实质上，企业社会责任与可持续发展理论在内涵上具有高度的一致性，坚持走可持续发展道路，既是经济大环境发展所需的政策方针，亦为企业社会责任追求的主要目标。可持续发展能够满足社会整体对企业的期望，特别是从另一个视角来考察时，会发现公司的利益与社会中其他经济主体的利益紧密相连，同时，大量的调研结果也显示，越是注重社会责任的企业，其产品和服务获得更广的市场份额与忠诚的顾客群的可能性就越大，从而使其间接受益匪浅。故而，企业在其运营过程中，应明确自身应履行的社会责任，并积极实践，实现企业与社会环境共同发展，实现"双赢"。

5. 组织社会学相关理论

由于企业竞争优势和经济效率观点不能完全解释企业社会责任动机，组织社会学的新制度主义学派对此问题进行了不懈的探索。新制度主义理论的学者认为，不应仅立足于单个企业的利益，而要从场域层次的认知、规范、管制等社会同构性（Marquis et al., 2007）压力来看待企业的社会责任行动。Useem（1988）发现，

收购企业有无社会责任行为的历史会影响被收购企业的社会责任行为。Maignan
和 Ralston（2002）发现，政治、文化等制度差异导致了美国、法国、英国、荷兰
的企业社会反应的关键点和方式各不相同。Marquis 等（2007）将企业所在的地理
社区作为制度性压力的来源，发现社区文化会影响企业社会责任履行的内容与形
式，即社区同构性；企业与本地非营利组织联系越紧密，企业社会责任水平越高；
政治与法律的关注程度会影响企业社会责任履行的积极性；本地社区对企业社会
责任行动方式的一致性越高，整体企业社会责任水平越高。Campbell（2007）指
出，企业财务状况、社会经济的健康状况、行业竞争水平等是企业社会责任行为
的关键动因；同时，强有力的地方规制、健全而有效的行业协会监管、非营利组
织对企业社会责任行为的普遍预期会对企业社会责任履行产生重大影响。田志龙
等（2005）发现，企业的非市场性行为有助于提升企业的经营合法性。沈奇泰松
（2010）发现，企业感知的制度压力分为规制、规范和认知三种类型，通过企业
社会战略反应的中介作用，对企业的社会战略反应和企业社会绩效都有不同的
正向驱动作用。

　　当然，正如周雪光（2003）所言，对"利益作用"分析的缺失是新制度主义
理论有待进一步改进的地方。

2.3.3　企业社会责任信息披露相关理论

1. 信息不对称理论

　　信息不对称是指市场中交易双方掌握的商品价格、质量信息不同而导致的交
易不公平的现象。信息不对称对市场经济产生了极大影响，科学家对此做了大量
研究。2001 年的诺贝尔经济学奖授予了三位研究信息不对称的经济学家，分别是
约瑟夫·斯蒂格利茨、乔治·阿克尔洛夫、迈克尔·斯宾塞。他们对次品市场、
二手车市场、保险市场、人才市场上的信息不对称进行了研究，研究结论说明信
息不对称会影响市场机制作用的发挥，造成市场失灵，提高交易成本，降低社会
资源配置的效率等。

　　而企业作为利益相关者群体的信息主体，掌握了大量优势信息，出于"经济

人"的角色，有极大动机损害利益相关者群体的权益。随着全球企业社会责任运动的发展，人们日益发现企业披露的资产负债表、利润表、现金流量变动表、所有者权益变动表等传统的财务信息并不能消除利益相关者所面临的信息不对称的现状。由于企业是否履行和怎么履行社会责任情况对投资者、债权人、政府、员工、顾客、社区、生态环境等均有显著影响，企业的利益相关者对企业披露的信息的要求越来越高。

2. 信号传递理论

信号传递理论起先是源于股市发放股利后作为信号传递给市场的反映，又称股利信息内涵假说，由 Modigliani、Miller 在 1961 年首次提出。随后，Fama、Fisher 实证研究了股利分配对股价的影响，并得到信号传递效应的证据。也是从 20 世纪 60 年代开始，人们逐渐认同并完善了这一理论。

信号传递理论是基于企业管理层掌握着企业所有信息，通过发放股利的形式向市场传递企业内部信息。采用不同的股利发放模式均会给投资者带来不同的信息感，当他们认为企业前景较好时，会增加股利的发放；当他们无项目可投资时，现金留存较多，也会采用现金股利的方式发放；当企业前景不好时，他们将会降低股利的发放。因此，通常企业提高股利支付水平时，其股价会上涨；反之会下跌。这就是信号传递作用的机理。

应用在社会经济方面，信号传递理论则有效解释了逆向选择问题。股票价格、商品价格、房产价格等的影响因素众多，有些人获得信息少，有些人获得信息多。商品交易市场上，处于信息劣势的一方容易高估劣质产品、低估优质产品，导致逆向选择问题的发生。进一步讲，由于市场资源稀缺，如房子等很多刚需商品出现供不应求的现象，那么掌握关键信息的一方就可以提前做出选择，低价买，高价转卖，信息优势的一方远比信息劣势的一方可获得更大利润。

信号传递理论是企业社会责任信息传递机制的重要理论基础。企业社会责任信息与股利等信息传递后对市场的影响最大的不同就在于，企业社会责任信息是通过影响企业声誉，间接影响企业绩效的。一般而言，社会责任表现好的企业也会拥有较高的声誉，此时企业发布社会责任报告会给顾客、供应商、社区居民、政府等带来极佳的印象，从而顾客增加购买量，供应商稳定供应货源，政府给予政策支持，筹集资本的能力的提高不断改善着企业的经营软环境，企业的业绩得到可持续的提升。另外，企业的管理层通过披露包括财务指标和规划的社会责任信息也会传递公司的创造能力、发展方向等信息，一定程度上会吸引投资者的投资。肖增敏和徐佩（2013）通过建立信号传递博弈模型，分析社会责任不同的披露形式下，消费者所作出的不同选择，得出良好的社会责任履行企业披露社会责任报告会增加消费者的购买量的结论，并提出政府、企业应采取的政策和措施。

3. 委托代理理论

20 世纪 30 年代，委托代理理论的产生主要是基于所有权与控制权的相互分离（伯利和米恩斯，2005）。之后，詹森与麦克林于 1976 年进一步发展了该理论，他们成为该理论的集大成者。当时，他们以委托代理理论为突破口，解答了企业价值失败的原因、股票筹资和债务筹资的利与弊、为什么要发行优先股等。事实上，对这些问题的解答都无法回避委托代理理论中代理成本这一概念。具体地，他们发现，代理成本的存在是导致企业股东与经理层利益冲突的源头。Haley（1991）发现，管理层能够通过盈余管理提高企业的捐赠数额，以满足其更好的个人声望、更高的薪酬，追求社会大众的赞许、同行羡慕的效果。

综上，这些对委托代理理论的经典分析，都是围绕着两权分离展开的。事实上，这些围绕第一类代理成本问题展开之后，又延伸至双重代理成本问题（冯根福，2004）乃至多重代理成本问题。这些都是以企业这一"黑箱"为中心来展开对股东与经理层、大股东与中小股东、企业与政府、企业与社区等代理成本问题的具体分析。事实上，委托代理理论的进一步应用主要体现在企业社会责任信息披露分析上，有助于具体分析企业社会责任与利益相关者之间的互动关系。

2.3.4　企业环境责任信息披露相关理论

一般情况下，企业对环境责任信息进行信息披露的最根本原因源自信息需求，故以下理论分析将从信息需求方与供给方关于企业环境责任信息披露的不同视角来进行。

1. 环境责任信息需求动因理论分析

1）受托责任论

经济的高速发展使得人类赖以生存的环境遭到了严重破坏。目前，环保意识已经遍及世界各国，保护环境已经是全人类的共同议题，在任何国家企业都不能只追求自身的经济利益，只谋划经济发展，只消耗资源而不顾生态环境，消耗了国家资源就必须承担相应的责任，包括承担治理环境污染的社会责任。从受托责任论的角度出发，企业既然使用了社会环境资源，就应当向国家、社会公众等履行其关于经营管理社会环境资源方面的责任，并应自觉、自愿向利益相关者公布企业履行状况。这种委托代理关系的确立，使得企业的利益相关者关于环境责任信息方面的需求有所提升。历史表明，社会的进步与企业反映的受托责任内容有着一定的相关关系，表现在社会的进步使得企业反映的受托责任内容愈加丰富。格雷·托尔（Gray Tower）在研究受托责任论时指出："随着企业的社会影响力增大，其所承担的受托责任也会增大。"环境问题的愈加严峻使得政府、公众等利益相关者愈发关注企业生产经营、管理环境资源等方面的信息。站在法律法规和仁义道德的立场上，企业对环境有义务且有责任进行保护和改善，更有义务让社会公众等委托人知晓自己对环境资源经营管理责任的实际履行程度。因此，企业理应将其履行环境资源受托责任的具体情形向外界披露，选择恰当的方式说明自己对环境资源的使用状况和环境保护的成果。

2）决策有用论

在决策有用论看来，编制财务报表就是使信息使用者获取对其进行决策有帮助的信息，这种观点的核心应该是为投资者提供信息的方式，以有助于其作出正确决策，同样地，环境会计也应该基于决策有用论采取充分披露的原则，向企业环境信息使用者提供真实、可信的信息，帮助他们做出正确的决策。决策有用论认为企业环境责任信息的披露情况与信息使用者的合理决策存在联系。从信息使用者战略决策的客观准确性出发，企业有义务且有责任向信息使用者公开自己关

于环境责任履行情况和业绩方面的信息，而企业日常生产经营活动对自然环境所
造成的有利或不利影响方面的信息也应包括其中。环境问题严峻性的不断凸显使
得国家关于环境保护的法律也日趋完善，环境问题在影响公司当期财务指标的同
时，也将影响到其今后的财务指标，对这一问题的疏忽在极其严重的情况下甚至
会导致企业破产。大多数利益相关者从对自身利益的保护出发，通常都及时地去
获取企业的环境违规行为会不会使得营业外支出增多或可能面临环境风险等各个
方面的信息，进而对其作出决策有所帮助。当然，企业对环境责任信息进行披露
也需顾及企业内部相关利害关系人的意义。

　　3）利益相关者理论

　　在利益相关者理论看来，企业并非一个独立的个体，所有企业都处在复杂的
社会环境之中，企业的所有生产经营活动都受政治、经济、法律和文化等多因素
影响甚至管制，不能从环境中独立出来，因此企业的决策也不是单一为企业自身
考虑的，每一项决策还应考虑这些外部因素，其中就包括利益相关者。此外，该
理论还认为企业的生存和发展是众多利益相关者共同参与的结果，企业的目标并
非单纯地实现企业价值最大化，而是将利益相关者的整体利益摆在核心位置，将
其整体利益结合到实现企业价值最大化中去，而非单单考虑个别主体的特定利益，
就像过去的会计学认为企业目标仅是股东价值最大化，但随着经济全球化发展，
人们对企业的要求不断提高。

　　企业的利益相关者众多，其中股东的关注重点是资本增值和企业的生存、发
展能力；而管理者的关注重点则是自己的薪资、地位、职位、待遇、其他福利及
市场声誉；普通员工则在意工资、福利及职位晋升等问题；企业债权人关注企业
的偿债能力，其本金与所产生的利息是否能够按时、足额收回；供应商和销售商
的关注点是自身能否从交易中获利；消费者则在意企业提供的产品或服务是否有
质量问题，消费是否得到保障。由于企业面对的利益相关者众多，每个利益相关
者的需求都有所不同，且他们与企业之间签订了或显性或隐性的契约，企业不得
不考虑他们的利益，复杂的利益相关者要求企业已经不再是只考虑股东、债权人
的权益，不再是只履行经济责任，还要考虑到社会公众的利益，在符合政府规定
的前提下，承担社会公众在意的社会责任、法律责任、环境责任。

在经济相对落后的贵州省，常出现一些企业盲目扩大经营规模、只顾追求自身经济利益而不顾社会公众利益的问题，有些企业在逐利过程中往往忽视自身的社会责任，结果造成了更多的治理成本、修复成本。从美国、日本等国家的企业与我国一些企业的对比可以看出，关心利益相关者利益的企业更能得到长远的发展。由于企业生产环境复杂，利益相关者众多，对企业来说则更应充分利用利益相关者理论，加之企业环境责任信息披露问题也较为复杂且涉及面较广，应将利益相关者理论深入应用到披露企业环境责任信息中去，发挥利益相关者理论优势。不同的利益相关者对督促企业披露环境责任信息起到的作用并不相同，需要企业承担的环境责任也不同，不同的利益相关者会督促企业环境决策更加全面、企业发展更加绿色。利益相关者中，社会公众对企业的影响不容小觑，因为一些企业进行环境责任信息披露的动因很大一部分都是迫于社会团体所施加的外界压力，企业考虑到对自身品牌形象的影响等因素，都会积极披露环境责任信息，并保障披露的信息质量；而考虑到公众利益，政府环保机构也会向企业施加公共压力，进而使其披露企业环境责任信息。

2. 环境责任信息供给动因理论分析

1）自愿披露论

信息不对称与逆向选择的问题大量地存在于证券市场中，企业作为利益相关者群体的信息主体，掌握了大量优势信息，出于"经济人"的角色，有极大动机损害利益相关者群体的权益。随着全球企业社会责任运动的发展，人们日益发现企业披露的资产负债表、利润表、现金流量变动表、所有者权益变动表等传统的财务信息并不能消除利益相关者所面临的信息不对称的现状。由于企业是否履行和怎么履行社会责任情况对投资者、债权人、政府、员工、顾客、社区、生态环境等均有显著影响，企业的利益相关者对企业披露的信息的要求越来越高。在这种情况下，企业自愿扮演信息传递的角色。所谓信息传递是指信息发送者通过声音、文字或图像等形式向信息接收者传递具有一定内容和意义的信息的过程。信息传递程序的基本环节包括：第一，信息发送者具有将某种信息发送出去的动机；第二，信息发送者采用声音、文字或图像等具体方式将需要发送的信息送达给信息接收者；第三，信息接收者对所接收的信息进行理解和解释，并对信息进行反应，再传递给信息发送者，即信息的反馈。近年来国家领导人对生态环境保护关注的力度愈发加大，倡导人与自然和谐发展，社会公众对这方面的信息也愈加关注。目前，不少信息使用者会主动关注企业在承担社会责任尤其是环境责任方面的信息，如果发现明明是高污染企业或是企业的生产经营将使环境遭受破坏，但该企业却对该类信息不予披露或披露信息无价值的话，将会大大损害该企业在信息使用者心目中的形象，继而投资者也会减少对其的投资，最后损害企业自身发展。管理当局通过在社会公众心目中为企业建立起一个诚信负责的社会形象，进而将更多的经济与社会效益带到企业，降低企业未来的投融资成本，他们会愈发自愿地向外界披露企业对国家法律法规关于环境政策的遵守情况、企业采取的污染物治理措施、企业在污染物排放和环境保护活动的支出等方面的环境责任信息。鉴于此，企业会自觉披露其关于承担环境责任所做的努力的信息，以期获得更大的社会影响力。

2）外部压力论

立足于对国内外文献的梳理，目前众多企业是迫于外界压力而不得不进行环境责任信息披露，分析发现外界压力主要的施压方来自政府和社会公众。通常，政府会以法律法规的形式强制要求企业披露环境责任信息，如挪威 1989 年修订的公司法就要求企业在董事会报告中披露有关排污水平、污染物及计划和已经实施的治理环境的措施等信息。而我国在 2008 年 5 月发布的《上海证券交易所上市公司环境信息披露指引》中明确规定上市公司必须对与环境保护有关联的重大事件予以公开披露，包括公司因为环境违法违规被环保部门调查，或者受到重大行政处罚或刑事处罚的，或被有关人民政府或者政府部门决定限期治理或者停产、搬迁、关闭的；公司被国家环保部门列入污染严重企业名单的等内容。由此可见，政府部门对环境责任信息披露的影响尤为关键。此外，社会公众的力量也不容小觑，社会公众可以通过社会舆论和在资本市场的行为来约束上市公司的环境责任信息披露。为此，企业必须及时披露该方面的信息以避免投资者等相关利益者做出不利的猜测（袁春英，2010）。

3. 小结

在此部分我们将企业环境责任信息的动因从供给和需求两个视角进行研究，且对其进行具体阐述。一方面，站在信息需求方的立场，受托责任论突出了环境资源的直接管理者应当承担环境资源经营管理的责任和义务，重视信息的客观性；而决策有用论则是站在信息使用者的立场，突出了企业关于环境责任信息的披露会对利益相关者产生一定影响，表明了信息使用者在环境责任信息方面存在的需求，以及信息使用者将重点置于信息的相关性上。另一方面，从信息供给方出发的自愿披露论和外部压力论，站在另一层面分析了企业披露环境责任信息既有企业自愿和主动的因素，也包含受到外部社会环境和政府法律法规管束的因素。尽管学者关于动机所持态度不一，但通过一些调查发现，目前我国企业对环境责任信息进行披露的关键影响因素还是来自外界施加的压力，大部分企业的环境责任信息是强制型的必须披露。

第 3 章 大数据企业环境责任信息披露影响因素研究
——基于大数据板块的 logistic 分析

3.1 研 究 假 设

早在 1984 年，弗里曼的利益相关者理论便提出企业经营管理者需要面对环保主义、股东施加的压力，同时也要考虑到因公司经营活动所间接影响到的客体的利益。不仅包括传统的制造业，也包括新兴的大数据产业在内，都应该在创造财富的同时兼顾环境责任的承担。作为发展劲头迅猛的产业，我们的生活早就不能离开大数据产业的支持，大数据产业早就深深地影响了人们的日常。2015 年 8 月 31 日，国务院印发《促进大数据发展行动纲要》。周禹杉（2015）预计贵州省信息产业产值 2020 年实现超越 10 000 亿元的信息产业产值的目标，信息产业产值在贵州省工业增加值中的比重约占到 23%。一叶落知天下秋，贵州省尚且如此，在其他经济、信息更发达的省区市，大数据的发展更是如火如荼。在这种背景下，对大数据产业的研究势在必行。2010 年出台的《上市公司环境信息披露指南》中明确要求，我国企业应将其年度环境责任报告与临时环境责任报告向公众进行分别披露。然而，大数据这个新兴产业是否能够实现可持续的科学发展，是否能够在不破坏生态环境的前提下进行价值创造也是人们关注的热点。大数据企业将会怎样承担起社会环境责任？将会有哪些方面的因素影响到企业环境责任信息披露是否改善？

笔者将以大数据企业作为该研究的探析对象，在了解企业环境责任信息披露所处现状的基础上，探析企业环境责任信息披露的影响因素，并提出自己的见解，为提高大数据企业的管理和环境治理提供政策参考。

而由于在市场运行过程中，企业与消费者、股东、居民等资源环境的共同享有者之间信息不对称，造就了作为资源使用者的企业与资源提供者的委托代理关系。信息不对称使企业这个资源使用者与资源提供者之间形成了一种委托代理关系，而企业环境风险的不断加大使得资源使用者希望资源提供者提供相应环境责任信息的公开资料，并建立环境责任信息披露机制，这就必须对利益的双方进行协调。所以企业有责任、有义务对经营中涉及的环境责任信息进行披露，而这种行为与企业的经营收益也是相辅相成的。

投资者施加的压力推动企业环境责任信息披露的发展。投资者更多关注的是因企业环境污染而带来的费用和损失，这些因素对其投资收益有重要影响。Clarkson 等（2008）、Aerts 和 Cormier（2009）认为媒体对企业的负面报道将会作用于企业环境责任信息披露。王建明（2008）认为外部监督压力与企业环境责任信息披露水平成正比。肖华和张国清（2008）认为企业面对外界压力会加大环境责任信息披露力度。刘蓓蓓等（2009）通过实证研究认为企业对环境问题的重视与投资者等外部压力正向相关。

根据上述文献，本书提出假设 H1。

H1：企业环境责任信息披露和外部监督效果正相关，外部市场压力越大，企业越重视环境责任信息披露。

近年，多位学者对公司内部控制效果与企业环境责任信息披露之间的相关关系提出肯定。王霞等（2013）认为内部控制因素将会作用于企业环境责任信息披露，但影响效果较弱。Johnstone 和 Labonne（2009）、Porteiro（2008）认为内部控制影响企业的环境责任信息披露。刘茂平（2013）认为良好的公司内部控制效果为企业对环境责任信息的披露的重视提供有利环境。Forke（1992）认为有效的内部控制促进董事会的独立运行，以此影响企业主动对环境责任信息进行披露。乔引花和游璇（2015）通过实证研究认为内部控制效果越好，越会明显提升环境责任信息披露的质量，认为优秀的内部控制让公司治理环境更加可靠，进而为环境责任信息披露提供优良的实施空间。刘儒昞和王海滨（2012）认为环境责任信息披露质量和代表内部控制效果的净资产收益率正相关。

根据上述文献，本书提出假设 H2。

H2：内部控制效果和企业环境责任信息披露正相关，内部控制效果越好，则企业越重视环境责任信息披露。

Dierkes 和 Coppcok（1978）、Trotman 和 Bradley（1981）、Gao 等（2005）的

实证结果证明了企业环境责任信息披露水平与企业规模呈现正相关关系。而 Cowen 等（1987）表示企业规模与企业环境责任信息披露水平是正相关关系。随后，Patten（1992）分析提出，企业规模与其受关注和监督压力程度成正比，所以大规模企业会披露更多的环境责任信息。李晚金等（2008）、朱金凤和薛惠锋（2008）、胡义芳和唐久芳（2008）认为企业规模和企业环境责任信息披露呈现正相关关系。Clarkson 等（2008）的经验结果再次证明企业规模和企业环境责任信息披露呈现正相关关系。

根据上述文献，本书提出假设 H3。

H3：企业规模和企业环境责任信息披露正相关，企业规模越大，对环境责任信息的披露就越主动。

汤亚莉等（2006）、沈洪涛（2006）、胡义芳和唐久芳（2008）、阳静和张彦（2008）、李晚金等（2008）通过实证研究，认为企业环境责任信息披露水平与公司绩效水平（盈利能力）的正相关关系十分显著。

也曾有学者提出与之相反的结论，Ingram 和 Frazier（1980）、Freedman 和 Jaggi（2005）的实证结果支持了环境责任信息披露与企业盈利能力呈现负相关。

根据上述文献，本书提出假设 H4。

H4：盈利能力和企业环境责任信息披露正相关，企业的盈利能力越强，对环境责任信息的披露就越重视。

国内外有关财务风险对企业环境责任信息披露水平的影响方面的学术理论研究成果较多。Ferguson 等（2002）指出，经营者为弥补财务风险，防止企业投资者丧失投资信心，会进行更多的环境责任信息披露。Clarkson 等（2008）的经验结果表明，财务杠杆和企业环境责任信息披露水平呈正向相关关系。张俊瑞等（2008）的实证研究认为财务风险的主要指标——资产负债率与环境责任信息披露有很强的正相关关系。

也有很多学者不同意以上观点。Brammer 和 Pavelin（2006）认为资产负债率低的企业将有更大的可能性进行环境责任信息披露。李晚金等（2008）、朱金凤和薛惠锋（2008）、王薇（2010）认为环境责任信息披露和财务杠杆不存在明显的关联。

根据上述文献，本书提出假设 H5。

H5：财务风险和企业环境责任信息披露正相关，企业财务风险越大，不论主动或被动，企业经营者都会披露其环境责任信息。

3.2　研　究　设　计

3.2.1　样本的选择

本书样本采用的是巨灵财经提供的沪市 A 股、深市 A 股和创业板的大数据产业上市公司。2009 年以后大数据产业稳步进入发展时期，2009 年及之前年份的数据信息不全且因大部分公司处于建设期，数据不具有代表性，故本书选择样本企业在 2010～2014 年的具体情况。结合国泰安数据库、锐思数据、迪博数据资讯对上市公司企业环境责任信息披露情况、企业治理情况和企业经营情况进行分析，在具体样本选择的时候，由于大数据板块涉及部分新兴上市公司，在剔除 2010 年、2011 年、2012 年等信息不完全的样本后，本书共得到 2010～2014 年沪市 A 股、深市 A 股和创业板的大数据产业上市公司236 个样本。

3.2.2　变量设计和描述

1. 被解释变量

企业环境责任信息披露（corporate environmental responsibility information disclosure，CERID）的替代变量选取方法主要有：①机构评分法。机构评分法主要是指权威机构根据企业公开的各类文件（如环境责任报告、社会责任报告）按照所指定的企业环境责任信息披露的打分标准进行打分。②哑变量方法。哑变量方法即企业单独发布环境责任报告，便取值为 1，反之，取值为 0，由此来体现企业披露环境责任信息的水平。由于机构评分法无法避免主观判断和操纵的可能性，且国内机构评价尚不成熟，数据不甚完整，而采用哑变量方法更能直接、公正地反映企业环境责任信息披露情况，故本书采用第二种方法。

2. 解释变量

本书针对研究假设,对内部控制效果、外部监督效果、企业规模、财务风险、盈利能力分别选择解释变量。其中,①对于内部控制效果(IM),选择迪博数据资讯提供的内部控制指标;②对于外部监督效果(OM),借鉴参考文献,采取以机构持股比来作为投资者对上市公司进行外部监督效果的指标;③对于企业规模(SIZE),采用以期初资产的对数为指标的做法;④对于财务风险(RISK),其代理变量将使用资产负债率进行体现;⑤对于盈利能力,本书采用净资产收益率(ROA)作为代理变量。

3. 控制变量

在设计被解释变量和解释变量后,本书为模型增加传统控制变量——区域因素(AREA)。

3.2.3 模型设计

本书针对被解释变量即企业环境责任信息披露(CERID)与内部控制效果(IM)、外部监督效果(OM)、企业规模(SIZE)、财务风险(RISK)、净资产收益率(ROA)5 个解释变量及控制变量即区域因素(AREA)设计以下 logistic 模型。

$$CERID = \beta_0 + \beta_1 IM + \beta_2 OM + \beta_3 SIZE + \beta_4 RISK + \beta_5 ROA + \beta_6 AREA$$

$$P = \frac{e^{\beta_0 + \beta_1 IM + \beta_2 OM + \beta_3 SIZE + \beta_4 RISK + \beta_5 ROA + \beta_6 AREA}}{1 + e^{\beta_0 + \beta_1 IM + \beta_2 OM + \beta_3 SIZE + \beta_4 RISK + \beta_5 ROA + \beta_6 AREA}}$$

3.2.4 描述性分析

本书运用 SPSS 软件将 236 个统计样本进行描述性分析,发现:①企业环境责任信息披露(CERID)中位数为 0.26,更接近于 0,事实上在样本中只有 62 家企业单独对环境责任信息进行披露,说明相比于发布环境责任信息的企业来说,仍有较多企业对环境责任信息披露程度不够,大数据企业在环境责任信息方面的重视亟待加强;②对区域因素(AREA)来说,平均数偏向于 0.29,说明虽然政府以贵州省为中心建立了大数据产业基地,但集中效应并不乐观,更多的大数据相关企业位于东部地区；③对企业规模（SIZE）来说，取值在 20～23 浮动，而相对于其他产业来说，新兴的大数据企业在资产规模方面并不占优势。

3.2.5 相关性分析

本书为了对统计样本中各项指标间关系进行探究，选择通过 SPSS 软件进行相关性分析，其结果如表 3-1 所示。

表 3-1　各变量相关性分析表

变量	CERID	IM	RISK	SIZE	AREA	ROA	OM
CERID	1						
IM	0.093*	1					
RISK	0.003***	0.002***	1				
SIZE	0.592	0.105	0***	1			
AREA	0.006***	0.001***	0.019**	0.032**	1		
ROA	0.062*	0***	0***	0.942	0.036**	1	
OM	0.002***	0.001***	0.036**	0.126	0.937	0.318	1

***表示通过了1%水平的显著性检验；**表示通过了5%水平的显著性检验；*表示通过了10%水平的显著性检验

通过相关性分析，发现大数据企业环境责任信息披露（CERID）与其内部控制效果（IM）、财务风险（RISK）、区域因素（AREA）、净资产收益率（ROA）、外部监督效果（OM）均有较大的相关性，这对认识企业环境责任信息披露的重要性和提升企业环境责任信息披露质量意义重大。

3.3　实证结果分析

3.3.1 显著性检验

本书首先对模型进行了显著性检验。经过 SPSS 软件分析后，其结果如表 3-2 所示，似然比卡方（Chi-square）检验的观测值为 60.759，Sig（相伴性概率）值为 0。若显著性水平是 5%，Sig 值小于显著性水平，采用该模型是合理的。

表 3-2　起始模型卡方检验表

变量	Chi-square	df	Sig
step[1]	60.759	6	0
block[2]	60.759	6	0
model[3]	60.759	6	0

1）每一步与前一步似然比卡方检验结果

2）将 block n 与 block n-1 相比的似然比卡方检验结果

3）上一个模型与现在模型中变量变化后模型的似然比卡方检验结果

3.3.2　拟合优度检验

本书对数据进行拟合优度检验，结果见表 3-3，Cox and Snell R Square 和 Nagelkerke R Square 指标较大，则表示回归变异较多，模型拟合较好。Hosmer Lemeshow 检验结果见表 3-4，统计量观测值为 3.794，Sig 值为 0.875，鉴于 Sig 值大于显著性水平，可以认为实际值与预测值分布没有显著差异，方程对数据的拟合很好。最终观测量分类表见表 3-5，可得到，总的正确判断率为 76.6%。由表 3-6 可以看出，若将其显著性水平设为 5%，则 IM、RISK、SIZE、AREA 对 CERID 的影响非常显著。

表 3-3　拟合优度检验

两模型偏差检验	Cox and Snell R Square	Nagelkerke R Square
210.443	0.228	0.333

表 3-4　Hosmer Lemeshow 检验表

Chi-square	df	Sig
3.794	8	0.875

表 3-5　最终观测量分类表

观测		预测		
		CERID		正确比例
		0	1	
CERID	0	159	14	91.9%
	1	41	21	33.9%
总比例				76.6%

表 3-6　最终模型统计量表

统计值	95% CI for EXP（95%置信区间）							
	B	SE	Wald	df	Sig	期望值	下限	上限
IM	0.007	0.003	7.513	1	0.006	1.007	1.002	1.013
OM	0.003	0.014	0.062	1	0.803	1.003	0.997	1.030
RISK	0.097	0.017	31.715	1	0	1.102	1.065	1.139
SIZE	−1.474	0.300	24.207	1	0	0.229	0.127	0.412
ROA	−0.009	0.006	2.034	1	0.154	0.991	0.979	1.003
AREA	−1.121	0.426	6.944	1	0.008	0.326	0.142	0.750
Constant	−4.754	1.855	6.566	1	0.010	0.009		

3.3.3　稳健性检验

本书对样本数据进行稳健性测试，对样本按照年度分别进行测试，又对样本进行扩充，增加 2015 年样本数据进行测试。测试结果通过了 5%显著性水平的 Chow 检验和 Ramsey 检验，表明本书结论稳定可靠。

3.3.4　回归结果分析

1. 影响显著因素

从表 3-6 可知，logistic 回归结果认为，以大数据企业为样本的实证模型检验得到：内部控制效果（IM）、企业规模（SIZE）、财务风险（RISK）、区域因素（AREA）对企业环境责任信息披露（CERID）的影响非常显著。

首先，实证检验证明了 H2，这说明内部控制效果和企业环境责任信息披露正相关，内部控制效果越好，企业对披露环境责任信息的重视程度就越高的假设是正确的，支持了 Johnstone 和 Labonne、乔引花和游璇、刘儒昞和王海滨等学者的观点。

其次，实证检验证明了 H3，说明企业规模和企业环境责任信息披露正相关，企业规模越大，对环境责任信息的披露就会越主动，支持了 Dierkes 和 Coppcok、Trotman 和 Bradley、Gao 等、李晚金等、朱金凤和薛惠锋、胡义芳和唐久芳等学者的观点。总体而言，大规模企业因为接受更多的压力而更热衷于披露环境责任信息来维护企业正面形象。

再次，实证检验证明了 H5，说明财务风险和企业环境责任信息披露正相关，企业财务风险越大，不论主动或被动，企业经营者都会披露其环境责任信息，支持了 Ferguson 等、张俊瑞等学者的观点，而以大数据企业为样本的实证结果与李晚金等学者的观点相悖。

最后，区域因素显著影响了企业环境责任信息披露，究其原因，样本中上市公司大多集中在东部地区，对实证结果有很大影响。

2. 影响不显著因素

从表 3-6 可知，logistic 回归结果认为，以大数据企业为样本的实证模型检验得到：外部监督效果（OM）、盈利能力［净资产收益率（ROA）］对企业环境责任信息披露（CERID）的影响不明显。

首先，实证检验不能证明 H1：外部监督效果和企业环境责任信息披露正相关，外部市场压力越大，企业越关注环境责任信息披露。究其原因，大数据产业兴起时间较晚，企业上市时间相比传统行业也较晚，公司规模也较小，不易引起机构投资重视，236 个样本中，外部监督比例小于 10%的有 131 个，大于 30%的仅有 25 个，数据浮动较小，因样本数量有限，样本时间有限，所以未能证明 H1。

其次，实证检验不能证明 H4：盈利能力和企业环境责任信息披露正相关。究其原因，以大数据企业为样本，因样本量和样本统计时间的限制，对于 ROA 值，139 个样本在 10%以下，232 个样本低于 30%，数据差异较小，结果与较大样本数据分析有一定差距，所以结果分析不能证明 H4。

3.4　启示与建议

实证研究发现企业环境责任信息披露（CERID）受到内部控制效果（IM）、企业规模（SIZE）、财务风险（RISK）、区域因素（AREA）的显著影响，本书对政策制定和企业治理提出以下思考。

　　对于企业治理，本书证明大数据企业环境责任信息披露受到公司内部控制效果、企业规模、财务风险、区域因素的明显影响，而相关性分析也证明，企业环境责任信息披露与财务风险、区域因素、内部控制效果和企业规模都有很强的关联。故而，就新兴的大数据企业而言，企业环境责任信息披露意义重大，企业应加强对企业环境责任信息的重视程度，对其质量进行提升，增强环保意识，设立环境监督及相关信息披露部门，在发展的同时，自觉履行相应的社会责任和环境责任，提升产业影响力。

　　在政策制定中，应重点建立完善合乎国情的环境责任信息披露制度，对上市公司应有定期的环境责任报告和检测证明，实行环境责任信息披露奖惩制度，奖励进行环境责任信息披露的企业，加大对环境污染处罚力度，处罚未进行环境责任信息披露的企业。对大数据企业来说，政府设立相应环境治理专项基金，以此保证大数据产业发展的同时有资金进行环境治理，建设大数据产业园，统一进行环境治理，促进相关企业履行环境责任。

第4章　现阶段我国企业环境责任信息披露情况概述

经济的迅速发展可能伴随着资源的不断消耗及生态环境的破坏。我国自改革开放以来，经济便呈现出快速增长的趋势，国内生产总值（gross domestic product，GDP）逐年攀升，国际地位也得到显著提高。但是在发展初期，我国并未将发展经济与保护环境高度结合，因此导致我国的生态环境受到了破坏。由于极端天气、污染事件的频繁出现，水土流失不断严重，我国逐渐意识到在发展经济的同时要做好环境保护的必要性。当前我国倡导可持续发展，加大了环境治理力度，同时严格要求企业进行环境保护。企业的运营与发展离不开环境和资源，这也推动了环境会计的产生。就企业而言，理应承担起这份责任，主动披露其环境责任信息，在企业的发展战略上将环境问题列入考虑范围，这不仅是为我国的环境保护贡献力量，也是为企业树立良好的社会形象做出努力。环境是人类赖以生存的基础，无论是政府还是企业，都有义务和责任来保护环境、改善环境。同时，保护环境还可以确保国家和企业得到长远、稳定的发展。

企业在生产经营过程中必然会对环境产生影响，保护环境资源、节能降耗是企业基本的社会责任。只有企业和社会公民都积极行动起来，才能远离雾霾，使我国的天更蓝、水更清澈、绿色覆盖大地。企业对环境的社会责任主要表现在以下几个方面。

第一，企业对环境的首要社会责任是依法保护环境。目前《中华人民共和国环境保护法》等相关法律法规对企业的环境保护责任已经有了明确的规定，政府各职能部门也相继颁布相关的部门规章对环境保护责任进行了约束和规范。因此，节约资源与能源、减少污染排放、减少环境影响已经成为企业的法定义务和责任。这就要求企业既要依法节能降耗，在废物排放方面严格遵守国家标准，减少对水及空气等自然资源和社会环境的污染（如噪声），又要承担自身资源浪费和污染环境的治理费用，及时修复对环境造成的损害，切实履行起保护环境的法定责任。

第二，企业对环境的次要社会责任是自觉改善环境。企业应树立可持续发展理念，不能仅承担对环境的事后补救工作（污染环境后承担一定的治理费用），还应主动承担改善生态环境的重任，积极主动地开发节能环保产品，积极推进能源节约项目和环境保护项目，追求资源可持续利用，推进废料的回收与循环利用，定期监测和评价企业生产经营活动对环境的影响，避免类似中海油渤海湾漏油事件等严重损害自然生态环境的事件的发生。只有企业充分发挥在环保方面的带动作用，积极推进绿色会计和绿色审计，参与和开展环境公益活动，才能更好地履行自身的环保社会责任。在环境保护方面，企业需要披露的环境责任信息应主要关注是否按照法律法规避免了对空气和水等自然资源的污染、是否在产生污染后及时对环境进行修复。

在我国，企业的环境责任信息披露制度相对西方国家而言开展得要晚一些，因此不管是法律法规的制定，还是企业的具体实践，都与西方发达国家存在一定程度的差距。但是生态环境的进一步恶化和人们环境保护意识的不断提升，都推动了我国企业在环境责任信息披露上的发展。

现阶段，我国企业环境责任信息披露情况得到了逐步改善。首先，我国在制定关于企业环境责任信息披露的政策和法律法规上变得更加严格与规范，这会督促我国企业主动披露环境责任信息，同时加大对环境和生态的保护力度。在考察企业环境责任信息向利益相关者传递是否充分时，首先需要注意上市公司环境责任信息披露的法律法规和政府强制性要求的背景。我国针对企业环境责任信息披露的规范性规定出台较迟，但发展较快。其中直接对上市公司环境责任信息披露进行规范的文件是证监会于 2006 年发布的《公开发行证券的公司信息披露内容与格式准则第 1 号——招股说明书（2006 年修订）》，该规范主要针对的是高危行业和高污染行业的安全生产及污染治理情况、因安全生产及环境保护受到处罚的情况、近三年相关费用成本支出及未来支出情况、是否符合国家关于安全生产和环境保护的要求等环境责任信息的披露情况，由于其存在行业约束，虽然不适用于所有的企业，但标志着我国企业环境责任信息披露迈出了制度规范的第一步。证监会在 2002 年公布的《上市公司治理准则》中提出"重视公司的社会责任"规定，虽然内容较为充分，提出了上市公司应关注所在社区的福利、环境保护、公益事业等问题，但与后来 2005 年修订的《中华人民共和国公司法》存在同样的问题，即关键事项规定缺位的问题，因此在实践中均不能有效地指导和规范我国企业环境责任信息的披露工作。其后，深交所于 2006 年 9 月 25 日公布的《深证证券交易所上市公司社会责任指引》代表着我国企业环境责任信息披露的规范制度正式建立，该文件明确规定了上市公司应对职工、股东、债权人、供应商及消费者等利益相关方承担责任，并且应在社会责任报告中披露关于职工保护、环境污染、商品质量、社区关系等方面的社会责任制度的建设和执行情况，社会责任履行状况是否与本指引存在差距及原因说明，改进措施和具体时间安排。而上交所 2008 年 5 月公布的《上海证券交易所上市公司环境信息披露指引》，以及 2009 年 1 月公布的《〈公司履行社会责任的报告〉编制指引》将环境责任信息披露的范围扩展到了整个股票市场的主板市场上市公司，为企业环境责任信息披露提供了有力的强制性披露规范。但深交所和上交所的规范性文件仅是部门规章，法律级次较低，法律效力也有待提高；同时以指引的形式公布的规范性文件本身的强制性和法律执行力就较低，更多的是起到对企业进行导向和引领的作用。2008 年国务院国有资产监督管理委员会（以下简称国务院国资委）发布的《关于中央企业履行社会责任的指导意见》中要求我国的中央企业在资源节约、环境保护、参与社会公益事业、安全生产、员工合法权益保护等方面要全面履行企业社会责任，为中央企业强制性披露环境责任信息提供了制度规范。中国工业经济联合会自 2009 年起每年举办一届"中国工业经济行业企业社会责任报告发布会"，并发布了《中国工业企业及工业协会社会责任指南》，为工业企业披露环境责任信息提供了依据。证监会 2017 年 12 月 26 日公布的《公开发行证券的公司信息披露内容与格式准则第 2 号——年度报告的内容与格式（2017 年修订）》第四十二条规定，鼓励公司结合行业特点，主动披露积极履行社会责任的工作情况，公司已披露社会责任报告全文的，仅需提供相关的查询索引；第四十四条规定，属于环境保护部门公布的重点排污单位的公司或其重要子公司，应当根据法律、法规及部门规章的规定披露主要污染物及特征污染物的名称、排放方式、排放口数量和分布情况、排放浓度和总量、超标排放情况、执行的污染物排放标准、核定的排放总量，以及防治污染设施的建设和运行情况等环境信息，重点排污单位之外的公司可以参照上述要求披露其环境信息，鼓励公司自愿披露有利于保护生态、防治污染、履行环境责任的相关信息。其次，我国企业的环保意识不断增强使得企业的领导会注重企业在环境保护方面所做出的努力，企业在意识上的进步极大地推动了我国环境责任信息的披露，同时对我国的生态环境也有着至关重要的影响。最后，互联网的迅速发展使得社会的舆论监督变得更加及时和有力，当企业发生了负面新闻时会通过互联网这样一个载体进行快速且大面积的报道，这会给企业的形象带来很大的影响。因此，在互联网时代，企业对自身形象的维护变得愈加关注，会尽可能少地使企业处于负面新闻的漩涡之中。在这样一个大背景下，我国企业在环境保护及环境责任信息的披露态度上会变得更加积极，从而为企业树立一个诚信负责的社会形象。在以上三点的不断作用之下，我国企业在现阶段的环境责任信息披露上整体呈现良好态势，并且正朝着更好的方向前进。

　　虽然我国企业在环境责任信息披露上不断缩小与西方发达国家的差距，但依旧存在着许多问题，其中最主要的便是企业环境责任信息披露上的质量问题。目前我国大部分企业进行环境责任信息披露的原因是出于政府、公众所给予的压力，这会致使企业在信息披露上存在应付了事的态度，这会让企业披露的信息的质量存在疑问。从 2017 年上市公司年报披露的情况来看，除少数公司没有提及相关环境责任信息外，大多数被列入生态环境部重点监控名单的公司均在其年报中有环境责任信息披露。但有些公司报喜不报忧，或者是选择性进行披露。例如，对于实行较好的环保工作，披露内容就多一些，而对被环保部门处罚的事实或者存在的问题则轻描淡写甚至不进行披露。如江西省某公司 2017 年曾因"不正常运行大气污染防治设施方式逃避监管"，被新余市环保局开出 30 万元的罚单，当年已履行，但该公司 2017 年年报并未对此披露。比这家公司更严重的是辽宁省某公司，强韵数据科技有限公司提供的数据显示，辽宁省某公司 2017 年累计有 7次环保违规而被行政处罚，罚金合计达 420 多万元，这些重要的环境责任信息却在公司当年年报中找不到踪影。这些环保违规原因主要有涉嫌违反固体废物污染环境防治规定、资源储运中心灵山原燃料场违反料场管理制度、涉嫌违反扬尘管理制度、涉嫌违法排放污染物及超标排放水污染物等。此外，吉林省某公司与黑龙江省某公司的大股东也涉嫌环保问题，其中黑龙江省某公司性质较为恶劣。黑龙江省环境保护厅在督查时发现，该公司废气自动监控设施系统中，大气压、烟道截面积设置与实际情况不一致，一氧化氮标准物质实际浓度与标签标注的浓度不一致，涉嫌弄虚作假。黑龙江省环境保护厅决定对此环境违法违规行为立案调查。

首先，企业披露环境责任信息并不仅在于数量，与之相比更加重要的是信息的质量，只有质量得到保证，才有披露的意义和分析的意义，只有在保证质量的前提之下进行环境责任信息的披露才能更好地保护当前的生态环境；其次，即使我国正在不断完善企业的环境责任信息披露的政策法规，但是由于我国是在近几年才开始发展企业环境责任信息披露，在制度、政策、法律等方面依然不够全面，对企业的监督也存在不足，使得企业会不断寻找这其中的漏洞来维护自身的发展，在这一点上，我国依然需要不断地改进与完善。

环境责任信息的质量主要包括三个方面：全面性、显著性和客观性。全面性主要是要求企业的环境责任信息披露完整，没有遗漏和刻意不披露的信息；显著性是要求企业所披露的环境责任信息能够被人们迅速找到，如果企业披露的信息无法通过正常渠道快速获得，那么这样的披露也缺少意义，无法发挥其应有的价值，所以企业应该在重要的报告中进行披露，并适当地在正规网站上进行公开；客观性是要求企业在环境责任信息披露的过程中不偏不倚，做到实事求是，而不是为了企业的形象和利益故意少披露负面信息，夸大正面信息，做到真实地反映企业的各项情况。当企业能够在其环境责任信息披露的过程中做到以上三点时，那么该企业所披露的环境责任信息不仅具有更高的真实度和可信度，还具有更好的利用效果，对我国环境的保护与改善起到极大的积极作用。

笔者收集整理了 2012～2014 年深交所和上交所披露的上市公司社会责任报告。其中由于我国国有企业"天然"的社会责任承担职能，在分析我国企业环境责任信息披露的充分性时，有必要按照上市公司的企业性质，将披露了社会责任报告的企业样本区分为国有企业和非国有企业这两类，样本公司中 2012 年披露社会责任报告的企业总数为 593 家，其中国有企业为 323 家；2013 年总数为 641 家，其中国有企业为 396 家；2014 年总数为 665 家，其中国有企业为 419 家。总体来看，国有企业的社会责任报告数量逐年稳步增长。与此对应的是，非国有企业的社会责任报告三年里几乎没有明显的数量变动，在绝对数量上远小于国有上市公司的披露数量，2014年非国有企业披露社会责任报告数量仅占国有企业披露报告数量的58.71%。对样本企业进行环境责任信息披露统计，若样本企业所公布的社会责任报告中涉及环境责任信息披露的内容则记录为1，反之为0，其中量化披露指标包括环保投资率、环保经费与销售收入率、环保经费增长率、单位收入能耗率、单位产值能耗、单位收入排废量、材料用费率、可再生能源使用率、污染物排放达标率，文字性披露指标包括废物排放严格遵守国家标准、减少对水及空气等自然资源和社会环境的污染（如噪声）、积极开发节能环保产品、实施能源节约项目和环境保护项目、及时修复对环境造成的损害、定期监测和评价企业生产经营活动对环境的影响、实施资源可持续利用项目、推进废料的回收与循环利用、是否属于高污染行业、是否属于国家强制要求执行环保标准行业。统计结果显示，1138家国有企业中，披露环境责任信息最多的公司在整个社会责任报告中从八个方面对环境责任信息进行了披露，但非国有企业披露环境责任信息的公司占企业总数的三年平均数为40.25%，表明国有企业仍然是披露环境责任信息的主力。同时，1138家国有企业中，基本没有环境责任方面负面信息的披露，这和相关媒体对我国上市公司环境事件新闻的报道形成鲜明的对比。另外，数据形式的环境责任信息披露严重不足，也反映出企业披露环境责任信息主动意愿较低，仅为完成规定任务，而且社会责任报告中的环境责任信息可用性差。从披露环境责任信息数据的少数上市公司来看，其披露的大部分数据也仅集中于企业提取的环保基金或者引进的治污减排设备价值，表明企业对环境责任信息披露的重视程度不够，浮于表面文章，想以较小的数据量达到从形式上披露环境责任信息的目的。分行业进行分析，样本企业中制造业披露社会责任报告的企业数量为957家，比重达到总样本的50.39%。其他发布社会责任报告较多的行业有采矿业，制造业，电力、热力、燃气及水生产业，金融业，保险业，房地产业，因此不难看出，这些行业或者有相关的法律对其环境责任履行做了相关规定，或者涉及公众利益影响巨大，如采矿业就是重污染行业，而此类上市公司按照《上市公司环境信息披露指南》规定，每年度均应公布环境责任报告，定期披露企业的污染物排放情况、环境守法、环境管理等方面的信息。由此可以看出，强制性环境责任信息披露制度规定对企业环境责任信息披露具有较强的制约作用。如 2009 年上交所公布的《〈公司履行社会责任的报告〉编制指引》要求上海上市公司所公布的社会责任报告需涵盖公司对保护生态环境、促进可持续发展方面做出的义务工作与公益性工作，包括：控制与净化排放物情况、合理利用水资源及其他能源、在不影响当地居民生活与生物生存的前提下开展工作、在可持续发展方面开展公益性活动等。在搜集的样本中 42.5%的上市公司在社会责任报告中的环境保护环节披露了相关工作，对于"实施能源节约项目和环境保护项目"这一项目均取得了比较好的分数。对服务业如金融业、保险业来说，涉及环境保护方面内容较少，但对电力业、水利业、采矿业来说，提及这一方面内容的企业较多。例如，国电电力发展股份有限公司在 2014 年社会责任报告中提及："我们始终坚持把'新能源引领转型，实现绿色发展'作为公司长期的发展战略，2014 年，公司清洁能源装机占比 28.5%。公司努力降低资源消耗和污染物排放，提高能源利用效率，走科技含量高、资源消耗低、环境保护好的可持续发展之路。"

近些年，我国的环境受到了极大威胁，生态的破坏日益严重，保护生态环境已经不仅是国家和个人的事情，作为资源消耗巨大的企业，更应该主动承担起环境保护的责任。企业的发展离不开资源，而环境的破坏会导致资源变得更加稀缺，从而阻碍企业的长远发展。由此可以看出，企业进行环境责任信息的披露并不仅是为了遵循国家的法律法规，也是为了企业自身的利益着想。

如 2018 年 5 月 9 日，内蒙古蒙电华能热电股份有限公司（以下简称内蒙华电）公布了《内蒙华电关于环保信息披露自查情况的公告》（以下简称《公告》），根据证监会下发的《公开发行证券的公司信息披露内容与格式准则第 2 号——年度报告的内容与格式（2017 年修订）》的要求，内蒙华电对公司 2016 年年报、2017 年半年报、2017 年年报的环境责任信息披露情况均进行了自查。《公告》指出，公司运营分支机构、全资及控股火力发电企业主要污染物排放均达到《火电厂大气污染物排放标准》（GB13223—2011）要求。《公告》还对企业环保设施的建设和运行情况等进行了披露，并披露了环境污染事故应急预案报告期，公司运营分支机构、全资及控股火力发电企业均制定了环境污染事故应急预案。预案涉及总则、应急处置基本原则、事件类型和危害程度分析、应急指挥组织机构及职责、预防及预警、应急信息报告、应急处置、应急响应分级、处置措施、现场恢复、结束应急、信息上报、应急保障、培训及演练、奖励与处罚等内容。针对重大污染源，定期进行事故演习。《公告》对公司运营分支机构、全资及控股火力发电企业机组的环保技术改造情况也进行了说明。

综上所述，现阶段我国企业环境责任信息披露是在不断进步与发展中的，政府对企业的监管力度加大与企业领导人意识的不断改观，都在不断推动企业环境责任信息披露的进程。当然，目前我国企业在环境责任信息披露的过程中依旧存在着较大的不足，有赖于政府、企业与公众的持续努力，但正如十九大报告所明确指出的：我们要建设的现代化是人与自然和谐共生的现代化，既要创造更多物质财富和精神财富以满足人民日益增长的美好生活需要，也要提供更多优质生态产品以满足人民日益增长的优美生态环境需要[①]。在各界共同努力下，相信我国企业的环境责任信息披露情况会变得更好。而我国的环境质量也会在这个大背景下得到一定程度的改善。

---

① 资料来源：http://www.gov.cn/zhuanti/2017-10/27/content_5234876.htm，2017 年 10 月 27 日。

第5章　以贵州省上市公司为例的环境责任信息披露情况研究

改革开放推动了我国经济水平的迅速提升，由此也使得人民生活水平得到日益改善，我国在国际上的地位也得到了显著提高。但是，经济发展带来的并不完全都是益处，同样也存在一些弊端，其中最明显的就是对环境的破坏。而企业在这中间则起到了至关重要的作用。企业为了自身的发展，或者是由于企业所处的行业要求，企业的发展会对当前的环境、生态造成一定程度的影响。但是影响的程度也会依据企业的经济情况、技术创新情况、管理情况等的不同而有所差别。

而环境作为人类赖以生存的基础，在日益遭到破坏的现在，企业应当向政府、公众、社会反映企业的运营及发展对环境所造成的影响，并且主动接受大众及媒体的监督。不仅如此，在当前环境下，企业的责任也越发重大，无论是在环境保护上还是在环境责任信息的披露上，企业都应该勇于承担属于自己的那份责任，努力为环境及社会做出贡献。企业向社会公众公开其环境责任信息，不仅会督促企业更有效率地利用资源、加速创新企业技术设备、加强企业内部管理，还可以在一定程度上促进企业的健康快速发展及对环境的保护。

企业在发展过程中会面临诸多挑战，有其自身就存在的内部挑战，也有来自外部环境所施加的一些外在挑战，企业应该如何正确有效地应对这些挑战也是目前应该思考的问题之一。环境责任信息的披露在很大程度上给企业带来了极大的压力与挑战，对外披露企业的环境责任信息意味着企业在运营与发展的过程中受到各方面的监督，企业在制定战略、做出决策的时候，都应该考虑到企业将要面临的社会责任，而不能仅为了获取利润而为所欲为。除此之外，这些挑战与压力也随着企业所处行业的不同而发生相应的改变。总体而言，由于制造业所处的行业性质较为特殊，制造业的企业在披露企业的环境责任信息上面临着较大的压力；

与之相反，批发和零售业主要以买卖为基础，整个行业对环境造成的影响相对较小，所以制造业在披露环境责任信息上则存在更大的主动性。

由上文可知，对企业环境责任信息披露产生作用的因素有很多，为了更加全面地了解贵州省上市公司环境责任信息披露的情况，本书收集、对比了贵州省目前所有的上市公司，从而在横向与纵向上作出对比，使其更加直观地反映出当前贵州省上市公司环境责任信息的披露情况，并且能通过对比更好地发现目前贵州省上市公司在环境责任信息披露中的问题。

从对我国沪市 A 股、深市 A 股与创业板企业进行有关环境责任信息披露影响因素的实证研究出发，本章将单独对贵州省上市公司 2012～2016 年年报和社会责任报告（可持续发展报告）进行内容分析，对文字内容和数据内容进行区分并分别进行内容统计，并辅之以描述性统计，借以分析贵州省上市公司对环境责任的承担程度和履行情况及对环境责任信息的披露情况。截至 2016 年 10 月，贵州省共有 21 家上市公司，这些上市公司按照上市地址分布在贵州省的不同地域，主要集中在贵阳市，遵义市、安顺市、六盘水市及仁怀市也均有分布。除此之外，这些上市公司在企业性质上也存在差异，有些上市公司属于国有企业，那么在环境责任信息的披露上就要更加主动；有些是非国有企业，这些企业与国有企业相比，在环境责任信息的披露上就没有太大的主动性。同时，这 21 家上市公司所属行业各不相同，如制造业、采矿业、批发和零售业、房地产业等。其中有 1 家属于金融业，由于其与其他行业相比在核算方式等方面差异较大，与非金融业不具有可比性，所以同当前国内大多数研究一样将该金融业企业予以剔除。剩余 20 家上市公司在地理位置、企业性质、所处行业上均有一定的差异性，因此这些上市公司在环境责任信息的披露上也呈现出了很大的差异，这也从侧面反映了影响企业环境责任信息披露的因素有多种，对每个企业而言，其影响因素都并不完全相同。通过对贵州省 20 家上市公司的分析，能够较为全面地反映贵州省上市公司在环境责任信息披露上的相关情况及其存在的问题。最终对贵州省 20 家上市公司 2012～2016 年的数据进行环境责任信息披露情况的研究。①

---

① 本部分资料来源于巨潮资讯网。

在分析贵州省上市公司披露的环境责任信息之前，为掌握贵州省上市公司的大致情况，我们对贵州省上市公司样本企业的期末总资产取对数，按数值区间将其划分为大型、中型、小型三个规模层级进行分析，结果显示贵州省上市公司的企业规模多为中型企业，占到样本总数的一半以上。在这部分内容中将从内容与数据两个方面分析贵州省上市公司披露的环境责任信息，再从企业地域分布、所属行业、企业性质及年度披露情况等方面对贵州省上市公司环境责任信息传递的具体情况进行细致的分析，具体结果如下所示。企业环境责任信息内容和数据评分表见附录。

5.1 按环境责任信息内容评分的描述性统计

在此部分本书将样本所披露的有关环境责任信息的内容划分为 8 个要点对其进行评分，如果样本所公布的环境责任报告中包括相关要点的披露则为 1，否则为 0，与此同时将各年的得分进行记录，且将样本进行描述性统计，结果如表 5-1 所示。

表 5-1 环境责任信息内容披露 2012～2016 年得分结果

项目	2012 年	2013 年	2014 年	2015 年	2016 年
均值	2.2500	2.4500	2.7500	2.8000	2.8000
标准差	1.7434	1.7911	1.8883	1.6416	1.8525
极小值	0	0	0	0	0
极大值	6.0000	6.0000	6.0000	6.0000	6.0000

从表 5-1 可知，2012～2016 年这 5 年的环境责任信息内容披露的得分均值从 2.2500 一路上涨到 2.8000，表现出稳定的增长态势，说明贵州省上市公司越来越重视环境问题，企业承担环境责任的意识也得到加强；标准差波动较大，经历了一个波峰和波谷，说明企业对环境责任信息内容的披露的情况还是存在一定问题，披露情况不稳定；极小值在 5 年里均为 0，说明企业所进行的环境责任信息

披露仅是浅尝辄止般，存在披露信息不全面甚至"零披露"的现象；而极大值在样本期间内均为 6.0000，说明企业对环境责任信息内容的披露项目较为稳定，每年变动较小。

5.2　按环境责任信息数据评分的描述性统计

对数据性披露方面的分析同内容性方面类似，其具体表现为项目与细分要点基本保持一致。在此部分本书将样本所披露的有关环境责任信息的数据划分为 9 个要点来进行评分，如果样本所公布的环境责任报告中披露了相关要点则赋值为 1，否则为 0，与此同时，将各年的得分进行记录，且将样本进行描述性统计，结果如表 5-2 所示。

表 5-2　环境责任信息数据披露 2012~2016 年得分结果

项目	2012 年	2013 年	2014 年	2015 年	2016 年
均值	1.1000	1.0000	1.3500	1.2000	1.3000
标准差	1.2524	1.2140	1.2258	1.2814	1.2183
极小值	0	0	0	0	0
极大值	4.0000	4.0000	4.0000	4.0000	4.0000

在表 5-2 中，企业关于环境责任信息的数据披露得分的极小值为 0，说明在样本时间窗口期内，每年都有企业对环境责任报告只进行了文字性描述，却没有任何数据的支持，使得报告可靠性有所下降；极大值在各年没有发生波动，说明企业每年进行环境责任信息披露的项目都很稳定，没有实质性变化，企业也并没有提供更为完善的环境责任报告。此外，从表 5-2 中可以看出，均值都在 1 附近浮动，一方面体现了对环境责任数据性信息进行披露的企业分布较为均衡，不存在极端异常值的影响情形，但另一方面由于均值偏低，在一定程度上也说明贵州省上市公司对披露环境责任信息的数据性信息方面意识较差，或者是企业并没有对所承担的环境责任花费过多精力与投入，没有具体落实到特定污染治理项目上。

标准差虽有一定幅度的波动，但从总体来看，标准差是呈下降趋势的，说明贵州省上市公司的管理者对环境责任信息数据性信息披露的意识基本得到了提升，虽然信息内容披露不足的问题十分严峻，但披露状况基本稳定。

如图 5-1 所示，贵州省的上市公司上市时的分布地点较集中，分别位于贵阳市、安顺市、遵义市、仁怀市和六盘水市。其中上市公司主要分布在省会城市贵阳市，在所有地域分布比例中高达 70%。省会城市的发展水平往往都要高于二线、三线城市，因此资金实力较雄厚、环境污染较小的公司更愿意在省会城市落脚，这样一来企业的发展空间更广阔，同时也不会因为自身生产经营排放物不达标而受到政府等有关部门的警告、罚款等行政性惩罚。相反地，对于那些设备不够先进、资金实力较为薄弱、在企业的生产过程中会造成更多环境污染的企业会倾向于在相对落后的城市落脚，因为这些城市相比省会城市而言，监管力度相对较小，这样可以使得企业在发展的过程中较小地受制于政府的各项方针政策。同时，由于省会城市的居住人口较多、住宅面积较大，省会城市对企业的各项限制也会随之增加，对一部分企业而言会选择在人口相对较少、工业用地较多的城市里发展。

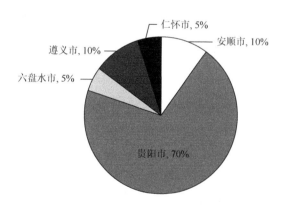

图 5-1　样本企业所在地区分布饼状图

安顺市和遵义市是贵州省的两个主要城市，其中安顺市是全国独一无二的"深化改革，促进多种经济成分共生繁荣，加快发展"改革试验区，遵义市作为西南地区的重要交通枢纽之一，具有极佳的政策和区位优势。同时安顺市和遵义市都与省会城市贵阳市相邻，虽不是省会城市但由于距贵阳市近，可以很好地享受省会城市的"辐射带动作用"，具有较强的经济和政治优势，也因此成为投资者所乐见的企业选址地，在这两个地方经营生产的企业所占比重均为 10%。而仁怀市和六盘水市由于在地理位置、经济发展上与贵阳市、遵义市、安顺市均存在一定的差距，选择在这两个地方经营生产的上市公司较少，分别仅占贵州省上市公司的 5%。

5.3　按企业性质分析环境责任信息披露的充分性

在我国，国有企业与非国有企业所扮演的经济角色不同，承担的社会责任也不同，因国有企业的性质使然，我国国有企业应该在全部企业中起到示范性作用，要自觉履行环境责任，将环境责任方面的价值进行充分利用。基于此，本节从企业性质的角度出发，分析国有企业与非国有企业环境责任信息披露的表现。

本书统计了贵州省上市公司中国有企业与非国有企业披露环境责任报告的数量，具体情况如图 5-2 所示。从图 5-2 中可以直观地看到，总体来说，同全国性的研究结果如出一辙，就环境责任报告的披露情况而言，贵州省国有企业明显优于非国有企业，虽然国有企业的环境责任报告的披露数量在 2014 年和 2015 年所占比重有所下滑，但从绝对数量上来说，其披露数量仍大于非国有企业。这说明贵州省国有企业的社会责任感普遍要强于非国有企业，体现在更愿意承担环境责任、加强对环境污染的处理、更倾向于披露企业环境责任履行情况等方面。同时，非国有企业的披露情况在 2014 年和 2015 年有所改善，但总体来说并无太大变化。无论是国有企业还是非国有企业，在信息披露方面多趋于稳定，并无太大波动。这也从侧面反映出企业在对外披露环境责任信息上存在一定的不足之处，大多数企业均处于安于现状的情况之下，并没有更加主动地向政府、公众进行责任披露。从企业本身来说，企业更多的是在被动地接受监督，在观念上没有得到进一步的转变。同时，非国有企业应当向国有企业看齐，主动承担责任，在发展企业自身经济的同时也要致力于改善生态和保护环境。

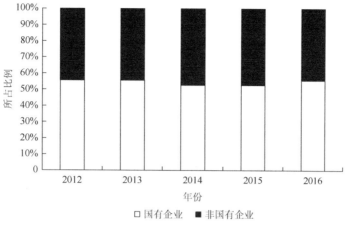

图 5-2　样本性质分类图

5.4　按行业状况分析环境责任信息披露的充分性

　　现有研究表明，企业所属不同的行业将会对环境责任信息的披露产生较大影响。不同行业对环境责任的履行程度存在着差异。例如，由于重污染企业会对生态环境造成极大的影响，对于重污染企业，法律法规强制要求其重点披露环境责任信息，这样不仅可以督促那些重污染企业加快对其技术设备的创新和内部管理的加强，也会督促企业在一定程度上保护环境。而对于污染较小的企业，由于其对生态环境的影响相对较小，法律法规则没有刻意要求它们披露环境责任信息。故表 5-3 对样本企业按照行业归属进行分类，进而判断贵州省各行各业的上市公司对环境责任信息披露的重视程度。贵州省上市公司环境责任信息披露情况如表 5-3 所示。

表 5-3　不同行业企业环境责任信息披露情况

样本行业分布情况	报告数量/个	占总样本比例
1. 采矿业	5	5.43%
2. 制造业	72	78.26%
3. 电力、热力、燃气及水生产业	5	5.43%
4. 批发和零售业	5	5.43%
5. 信息传输、软件和信息技术服务业	0	0
6. 房地产业	5	5.43%

从表 5-3 可知，在 2012～2016 年所选的贵州省样本企业中，披露环境责任报告数量最多的行业为制造业，达到了 72 个，这也是由于制造业中的大多数企业会给环境及生态造成一定程度的影响，国家的相关政策会强制这些企业进行信息披露，这也是为什么贵州省上市公司中，制造业所披露的报告数量最多，占到了全部报告数量的 78.26%。而信息传输、软件和信息技术服务业却没有进行环境责任报告的披露，这主要是因为信息传输、软件和信息技术服务业对整体的生态环境没有造成较大影响，这些行业多依赖于网络和高新技术，因而国家的政策法规并不会对该行业进行强制性的责任披露。采矿业，电力、热力、燃气及水生产业，批发和零售业，房地产业对环境责任报告进行披露的数量均为 5 个。可以得知，国家有关法律法规对这些行业的环境责任的履行做了规定，通过该行业对生态环境的影响程度、性质来制定有关政策，这会让不同行业的企业根据国家制定的法律法规进行不同程度的环境责任信息的披露，对重污染行业制定严格的披露标准，对污染较轻的行业制定相对宽松的标准或者不制定有关标准，这将对处在不同行业中的企业都能起到一定的监督和管理作用，使得企业在运营生产的过程中遵循国家政策方针和法律法规。由于国家根据不同的行业制定了不同的标准和行为准则，贵州省上市公司在环境责任信息披露上表现较好。

5.5　按年度分析环境责任信息披露的充分性

我国的经济在改革开放后得到了迅速发展。自 1978 年十一届三中全会制定对内改革、对外开放的政策方针以来，我国经济水平得到不断提高，有越来越多的企业在这个大环境下得以创立与发展，各个行业都得到了全面发展。在改革开放初期，企业为实现经济增长的目标而盲目追求产值最大化、利润最大化，这就导致企业在生产经营过程中忽略了生态环境的保护，违背了以人为本的原则。而经济的日益发展严重破坏了我们所赖以生存的环境，自然环境的承载力已几乎达到临界值，水污染、大气污染、噪声污染等事故频发，极大地威胁了居民的身体健康，干扰了居民的正常生活。面对日趋严峻的生态环境问题，我国不断出台相关规定以期缓解并解决此类问题，并增强社会各界，特别是企业的环境责任意识。

贵州省由于处在西南腹地，经济发展水平与我国中东部地区相比还是略显落后，但贵州省的生态环境较好，自然环境未受到较大的破坏，每年冬天我国北方各城市深陷雾霾困扰，PM2.5 持续高涨时，贵州省空气质量仍处于全国领先地位。伴随着改革的不断深化与国家支持力度的不断加大，贵州省近几年的经济得到了突飞猛进的增长，基于此，图 5-3 对样本企业的环境责任信息披露按照年份不同进行归类，以期判断贵州省上市公司在不同年度对外披露企业环境责任信息的程度。贵州省上市公司 2012～2016 年环境责任信息披露情况如图 5-3 所示。

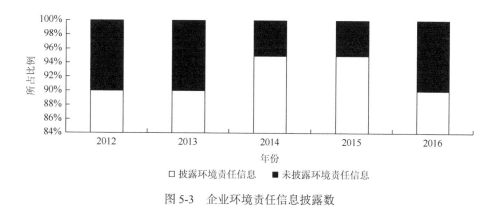

图 5-3　企业环境责任信息披露数

　　如图 5-3 所示，2012～2016 年，贵州省上市公司对于披露环境责任信息方面的表现较为突出，90%以上的上市公司都对环境责任信息进行了披露。样本期间内，2012～2014 年对外披露环境责任信息的数量呈现稳步增长趋势，2014～2015 年企业履行环境责任的情况要稍好于其他年份，其中存在受到 2014～2015 年贵州省获批建设全国生态文明先行示范区这一事件影响的可能性；贵阳市人民政府印发了《贵阳市蓝天保护计划（2014—2017 年）》《贵阳市碧水保护计划（2014—2017 年）》《贵阳市绿地保护计划（2014—2017 年）》《绿色贵州建设三年行动计划（2015—2017 年）》等文件，上级领导部门对此给予高度重视，使得企业对承担环境责任信息披露的意识要明显高于其他年份。虽然 2016 年企业环境责任信息披露情况有所回落，但总体上披露情况仍然较好。

　　近几年，环境污染事件频频发生，雾霾也不断加重，无论是国家还是人民群众都意识到破坏生态环境会带来一系列的严重后果，因此保护环境的意识也得到了增强。而贵州省的环境保护意识则更加强烈，始终秉持着"绿水青山就是金山银山"的概念，在促进经济的快速发展中，同样十分注重环境的治理与保护。因此对企业的环境责任也管理得十分严格。跟随着国家政策的脚步，贵州省上市公司也积极响应与配合，落实企业自身环境责任，履行环境责任信息披露义务，并在日常的经营活动中加强对环境的保护。正是在政策法规与企业环境保护意识的双重作用之下，贵州省上市公司环境责任信息披露表现良好。

贵州省作为经济发展相对较为落后的省区市之一，生态环境并未遭受到太大破坏，空气质量在全国各省区市中名列前茅。由于人们发现了发展经济将会在一定程度上对环境产生破坏，对贵州省这样一个发展潜力巨大的省份而言，当前的关键在于如何才能既发展经济又保护环境。曾经发展的老路已经行不通，无论是国家还是企业，都需要进行不断的创新。这主要体现在对企业的规范上，国家通过制定相关的政策法规来规范企业的日常活动，贵州省也紧跟国家的步伐，加强对企业的管理。

本章通过从不同角度对贵州省的 20 家上市公司环境责任信息披露的研究发现，贵州省上市公司对环境问题的认识得到了很大提升，企业也在不断承担环境责任，同时企业环境责任信息披露内容相对稳定；但是企业对环境责任信息内容披露依然存在着一些不足之处，主要是披露信息不全面，甚至出现有些上市公司不披露环境责任信息的情况，这需要政府加大管理力度，同时企业自身也要转变观念。

在环境责任信息数据的披露上，贵州省上市公司披露的环境责任信息项目较为稳定，每年均没有实质性变化，企业往往按照往年所披露的项目进行披露，并没有进一步完善、补充报告，同时，每年都会有企业在没有提供数据支撑的情况下仅进行文字性的描述，这使得披露的信息没有可验证性，同时其真实性也会被打上问号，这也在一定程度上说明贵州省上市公司对披露环境责任信息的数据性信息方面的意识还有待进一步提高，同时反映出企业并没有在污染治理与环境保护方面落实到位。随着企业对环境责任承担意识的增强，对环境责任信息的数据披露也在不断加强，总体来说，贵州省上市公司环境责任信息披露呈现良好态势。

同时，本书对贵州省上市公司的地域分布、企业性质、所处行业、年度环境责任信息披露数量进行详细分析。贵州省的大部分上市公司均位于贵州省的省会城市贵阳市，这与贵阳市相对贵州省其他城市来说具有较为发达的经济、政治条件，以及便捷的交通和快捷获取资源的优势密不可分；根据企业所处的行业不同，环境责任信息的披露也存在很大的差异。根据企业环境污染程度的不同，国家制定了相应的标准，而不同行业的企业均需遵循国家的规定。对环境污染影响程度较小的行业，或者并不存在环境影响的行业，国家并不会强制要求企业进行环境责任信息的披露，但是对会给环境造成很大影响的企业，国家、政府均会加强管理，因而也可以看到信息传输、软件和信息技术服务业并没有进行环境责任信息的披露，而环境责任信息披露数量大部分由制造业的企业进行披露。对性质不同的企业而言，其承担的环境责任也存在较大差异。作为国有企业，是很多企业的标杆，所以更应该进行主动披露，起好带头作用，而非国有企业则应向国有企业学习，做到自主、自觉地进行环境责任信息的披露。伴随着经济的快速发展，近些年来人们也意识到经济发展对环境的污染及生态的破坏，因此国家及政府开始转变经济发展方式，提出绿色发展的概念，贵州省也同样紧跟国家的步伐，颁布了许多利于环境保护的政策，这些政策从侧面推动了企业环境责任信息的披露，也推动了企业在环境保护上观念的转变。

贵州省上市公司的环境责任信息披露状况总体来说相对较好且较为稳定，生态环境作为人类生存所必不可少的条件，在日益被破坏的今天，企业有义务也有责任为环境的保护和改善作出努力。贵州省的生态环境相比东部地区要好很多，因此更应该保留住环境的竞争优势，在不破坏生态环境的基础之上进行经济的发展，这符合国家目前的发展策略，同样符合贵州省的发展利益。截至 2016 年 10 月，贵州省的上市公司仅有 21 家，但是伴随着经济的不断发展，上市公司也会逐渐增加，如何使环境与经济协调发展，是今后贵州省发展的关键。

第6章 国内外企业环境责任信息披露管理经验启示

通过本书上述分析，我们发现对新兴的大数据企业来说，企业进行环境责任信息披露意义重大。大数据企业应更大程度地提高对环境责任信息披露的重视，以期使环境责任信息披露水平有进一步的提升。根据历史发展规律可知，经济发展的同时，环境问题也会随之出现，当环境问题加剧时，国家社会会主动或被动地完善、提高解决具体环境问题的基础和能力。最近几年，国家开始逐渐重视企业环境责任信息披露，并连续制定了一系列环境责任信息披露的相关要求，这是我国企业披露环境责任信息的关键一步，由于政府的强制要求，很多企业在公布其财务报表的同时也会公布相应的环境责任报告、社会责任报告或可持续发展报告等，一些不单独公布环境责任报告的企业会在年报对相关信息进行披露，或者是在财务报表中的一些财务科目下设置新的"环境费用"类支出明细来进行披露。可以看到我国企业披露环境责任信息的数量是在不断增加的，但披露质量参差不齐，大多仍处于较低水平。这一现象恰恰说明了企业环境责任信息披露行为仅依靠政府的强制性要求是不够的，还需要有关各方，特别是需要企业的利益相关者协同监督，这一点正是大数据企业具备的数据资料协同优势。企业的环境责任信息简单来说就是企业对外披露的自身环境污染情况、是否得以治理、如何治理等信息，企业的这一行为只是为了符合相关法律规定，获得合法性，另外就是为了降低与外界的信息不对称。在贵州省，大数据企业的迅速发展使得环境责任信息披露更加全面、准确，大数据环境作为大数据企业的优势，应当被充分发挥。从利益相关者的视角来看，大数据企业蓬勃发展，更应该主动披露自己的环境责任信息。纵观全球经济发展程度较高的国家，企业环境责任信息披露制度也相应发展较为成熟，企业环境治理水平相应较高。因此，对我国而言，工业化进程开始较早同时经历过环境污染所带来的社会与环境问题的发达国家所构建的较为完善的企业环境责任信息披露体系，值得参考。

　　本章将介绍和评析美国、日本、欧盟、印度尼西亚这四个国家或区域关于企业环境责任信息披露的相关制度和经验，在此基础上总结他国或区域经验为贵州省所用。同时，在我国范围内，贵州省的经济发展水平还比较落后，本书还将介绍与评析国内经济发展和环境治理水平较为先进的省区市作为贵州省解决企业环境责任信息披露的重要参考。

6.1　国外企业环境责任信息披露管理经验启示

6.1.1　美国相关规定及经验

　　美国是在企业环境责任信息披露上较早实行的国家。自 20 世纪 70 年代以来，关于环境法律的相关规定陆续被修订和颁布。1980 年，美国国会出台了《综合环境反应、赔偿和责任法》，该法中有关知情权的内容被扩充，公众强烈要求美国的上市公司对其环境责任信息予以公开，并建立企业有害废弃物的排放报告体系，同时要求相关高污染行业注册登记并定期向公众报告包括水体、土壤和空气排放等在内的多种化学品的使用标准及排放情况。美国证券交易委员会 1993 年发布的《92 财务告示》，对上市公司应当单独披露的应收补偿款和环境负债进行了详细的规定，确定了企业将承担的环境负债和环境成本的计量依据与基础，同时要求企业尽早完整地披露已经或正在或可能产生的环境责任信息；同时明确规定倘若公司违反了相关条例，将被处罚 50 万美元以上，媒体也会向大众公示其违规的具体行为和处罚情况。

　　美国国家环境保护局（以下简称美国环保局）关于环境公开的一个典范就是《毒性物质排放清单》。该清单明确了企业生产过程中可能会产生的多种污染物的名称，并规定企业应向相关机构登记并定期报告其产生的清单中所包含的污染物数据。当企业排放的污染物数量超过了清单中所规定的值时，企业有责任向其所在地区环境主管部门提交年度环境责任报告（美国称为"环境报告书"，报告内容大致包含企业生产、使用、存储、处置移转等过程所排放的污染物数量），随后美国环保局将会向社会公众公开企业报告数据整理分析后所形成的企业环境责任信息。倘若企业未按照该规定及时充分地公开数据和环境责任信息，企业将会面临高额罚款。

从企业环境责任信息披露的监管机制来看，美国证券交易监督委员会（以下简称美国证监会）和美国环保局达成了信息共享、联合执法的合作协议。美国环保局将会依据收集整理的环境责任信息定期向美国证监会输送存在或可能存在环境负债风险的上市公司名单。美国环保局明确规定钢铁、造纸、石油、金属、汽车等高污染行业必须披露其企业环境责任信息，美国环保局负责提供这类公司的相关环境责任信息，美国证监会则负责监督披露的信息是否真实。同时，美国证监会也会向美国环保局提供可能存在环境保护问题的上市公司名单，以便美国环保局及时进行监管和处罚。

此外，美国民间社会团体对环境责任信息披露工作发展的推动作用功不可没。美国环境责任经济联盟在 1989 年由美国环境保护组织与社会投资者合作成立，该组织的成立目的在于对美国企业环境责任报告的工作进行推动。在上市公司环境修复、可持续发展和环境管理承诺的基础上，该组织出台的《环境责任经济联盟原则》中具体设计了十项企业行为规定，主要包括生态保护、可持续利用自然资源、废弃物减量与处理、提高能源效率、降低风险、推广安全的产品与服务、损害赔偿、信息披露、设置负责环境事务的董事或经理、评估及审核十方面内容，成为美国企业编制环境责任报告的重要标准。

综上所述，美国在企业环境责任信息披露的法律方面拥有较为成熟的制度，社会民间组织参与度较高，配套设施及政府监管较为完善，在企业环境责任信息公开程度与信息质量方面拥有较高的水平。

6.1.2　日本相关规定及经验

日本关于环境会计的研究与欧美诸国相比，起步相对较晚而发展速度很快，在这一过程中，日本环境省起到了重要的推动作用。20 世纪 80 年代，日本经历了"八大公害"事件。此后，日本当局觉察到了保护环境的紧迫性，并逐步提出了源头治理、预防为主的环境发展战略和一套较为成熟的企业环境责任信息披露法律体系。日本的环境会计研究始于 20 世纪 90 年代。在可持续发展理念影响下，日本先后颁布了《环境基本法》《促进建立循环型社会基本法》《环境影响评价法》等相关法律条例，进而达到让企业的预防成本明显低于环境污染成本的目的，以此促进企业对环境治理的管理和预防。在企业主动或被动地开始重视自身环境行为过程中，日本企业环境责任报告（日本称为"环境报告书"）开始出现，其中日本本田汽车公司和日本东京电力公司率先对环境责任报告进行了公布。为了进一步规范企业环境责任信息的公开，日本环境省在 1993 年颁布的《关注环境的企业的行动指南》中首次对环境责任报告进行了准确定位。日本于 2005 年 4 月开始实行《环境友好行动促进法》，法律强制要求所有国有企事业单位必须做到及时发布其环境责任报告，倘若企业未做到及时且如实地公布，将会面临罚款等惩罚。2000~2012 年，日本政府先后多次修订了《环境报告书指南》，对报告书中不够完善的内容进行了修订，并详细规定了企业环境责任信息披露的基本项目、信息指标、描述框架等内容，增加了其操作可行性。《环境报告书指南》中明确规定了企业需披露的环境责任信息，包括环境、社会、经济三个主要元素内容，之所以包含这三个方面，是基于企业在生产经营活动中面对的环境需要提炼出来的重要元素。因此企业披露的环境责任信息应包括与自然环境和保护环境有关的企业信息及与环境密切相关的社会、经济等方面的信息。在日本，企业环境责任报告不仅包括企业内部环境责任信息，也包括企业在生产经营过程中耗费的资源、实行了怎样的环保措施及取得的环保的效果。这是符合《环境报告书指南》对企业环境责任报告的定义，企业环境责任报告是指在企业全部生产经营活动中从环境视角出发，并以包含经济、社会等方面的环境责任信息为基础，提取出环境责任信息并向社会公布的行动。披露环境责任信息并非越多越好，其与披露企业的会计信息一样，应考虑信息的相关性，对环境责任信息进行适当取舍，站在信息使用者的角度考虑，留下与信息使用者决策相关的信息。环境责任报告涉及企业的环境责任信息和其他社会公众关注的内容，这些都是与经济的发展不可分割的，所以环境责任报告也就和企业经营战略密不可分，企业应加大对环境责任报告的关注度，使其成为企业营运报告的重要组成部分。此外，经营者可以从环境责任报告中获取企业与环境相关的经济、社会信息，能够帮助信息使用者详细了解企业环境状况，从而客观考虑企业的经营状况。这样正是《环境会计指南》中描述的环境责任报告能说明企业在生产经营过程中所涉及的环境责任信息，包括与环境相关的社会职责、公众态度及所有环境状况给企业带来的经济影响。日本新出台的《环境友好行动促进法》中对日本国内大型企业的环境责任报告作出了明确规定，这些大型企业包括资金丰厚、人力资源消耗量大、自然资源消耗量大的企业，对这类大型企业披露环境责任信息提出了强制性要求。至于其他中小型企业，《环境友好行动促进法》中虽没有明确规定其必须披露相关环境责任信息，但也鼓励它们关注环境责任报告，主动披露环境责任信息。由此可以看出，环境责任报告已经是日本企业在未来必须重视的信息披露部分。

日本企业环境责任报告中明确要求企业对以下六项内容进行公开：企业基本项目、环境管理具体情况、企业生产经营过程将会对环境产生的影响、企业经营的基本方式、企业基本经营目标，以及企业为降低对环境的不利影响所做出的努力和其他社会活动。

出于对企业品牌塑造和绿色环保形象等各方面的考虑，发布环境责任报告的上市公司数量日益增多，它们期望此举能够获得社会公众和相关投资者的信任。当前，日本环境责任报告第三方认证的行为是市场化、社会化的。第三方认证主要由研究机构、相关协会、社会团体和专家学者来进行。例如，为了满足日本国内对公司环境责任信息披露认证不断增长的需要，提升企业环境责任报告在社会公众中的认可度，日本公认会计师协会出台了《环境报告保证业务指针》。另外，日本政府和民间还设立了关于企业编制环境责任报告的奖励激励。日本绿色采购网络联盟开展"绿色采购大奖"活动，为部分执行绿色采购表现突出的组织颁奖。该活动设 6 个奖项，分别是环境大臣奖、经济产业大臣奖、大奖、优秀奖、审查员特别奖、审查员鼓励奖。这些奖项通过提升奖项获得者的环保形象和企业市场竞争软实力，促进了企业对环境治理积极性的提升。

6.1.3　欧盟相关立法及经验

20 世纪 70 年代，欧盟开始强制要求企业对其环境责任信息进行披露。欧盟企业环境责任信息强制披露制度以污染物排放和转移登记为主，其法律依据是《奥胡斯公约》《污染物排放和转移登记议定书》。2003 年施行的《欧盟现代化指令》要求申请上市的公司披露与资产相关的风险，如因环境因素导致资产价值发生变化，公司也需要对此进行披露。欧盟成员国需要对大公司的排放数据予以记录，同时向欧盟委员会汇报，普通公众可以获得这些公司披露的工业气体排放数据。目前，欧盟上市公司环境责任信息披露的载体主要是环境责任报告和财务报表。欧盟于 1993 年制订了"环境管理和审计计划"。为了鼓励企业对环境保护措施进行改革，实施该计划的公司可以使用特殊的生态标志以作区分，同时各利益相关人会给予公司一定奖励。1998 年出台的《奥胡斯公约》基本确认了企业污染物转移与排放登记原则。2003 年通过的《污染物排放和转移登记议定书》进一步对环境责任信息披露强制要求公开的主体、形式、范围、法律责任都做出了较为系统的确认。

20 世纪 90 年代开始，欧盟各国对环境责任信息披露制度建设的重视逐步提高。许多成员国通过立法形式对企业环境责任信息披露进行了规范，其中比较有代表性的国家有丹麦、荷兰、法国等。

6.1.4　印度尼西亚相关规定及实践

印度尼西亚虽然是发展中国家，但其关于企业环境责任信息公开制度的建立较早、较为完善。印度尼西亚企业环境责任信息公开制度的出众之处就在于其著名的评级制度。

1995 年，世界银行帮助印度尼西亚建立了"工业污染控制、评价和分级计划"，全球最早的评级与公开制度由此诞生。"工业污染控制、评价和分级计划"将企业环境行为划分为五个等级，不同等级用不同颜色来表示，级别从高到低分别是金色、绿色、蓝色、红色、黑色。金色表明企业环境达到国际优秀水平；绿色表明企业环境表现超过本地企业环境污染标准；蓝色表明企业环境行为及格；红色表明企业所承担的社会责任未达到本地企业环境排放标准；黑色表明企业没有对污染行为承担任何社会责任。"工业污染控制、评价和分级计划"实施后，评级结果向社会公开，这样一来，评级较高的企业知名度会得到提升，企业市场竞争软实力也会得到提升，相反，企业若是评级较低，同样会遭到曝光，这促使企业进行环境治理。"工业污染控制、评价和分级计划"为公众获取企业环境责任信息提供了一个平台，从而让公众的促进与监督作用得以更好地发挥。"工业污染控制、评价和分级计划"在印度尼西亚实施两年内，评级为红色和黑色的企业数量下降了15%，取得了良好的社会效果。印度尼西亚这一创新举措，因其方便公众理解、高效、低成本的优势被其他国家纷纷效仿。

6.1.5　国外环境责任信息相关规定及经验启示

面对贵州省当前的企业环境责任信息披露状况，从我国具体国情及借鉴环境责任信息披露制度更为完善的欧盟、美国、日本、印度尼西亚的情况出发进行分析，可以看出贵州省的企业环境责任信息披露制度有待完善，治理水平也需要进一步的提升。

首先，贵州省上市公司环境责任信息披露内容还较为零散，环境政策、方针方面的文字类内容占据了披露内容的大部分，有关具体环境责任信息量化指标方面的数据类内容不多且项目不统一。一方面加大了对整个公司进行环境责任信息披露质量评价的难度，另一方面难以横向与其他公司进行对比。相比而言，美国、日本、印度尼西亚及欧盟等国家或区域在环境责任信息披露方面都有一个完整的法律体系，为环境责任信息披露提供了准确的法律依据，并且采取措施鼓励或强制企业发布环境责任报告。因此本书认为唯有独立的环境责任报告才是环境责任信息披露的正确之路，而国内想要完善这一方面的法律体系还任重道远。在现有的证券法和公司法中加入新的关于上市公司信息披露的管理办法具有难度，在设立新的制度时难免会和现有法律对公司股东及利益相关者的保护发生矛盾。将法律约束落到实处道阻且难，在此之前或许我们可以做出思维上的改变，培养上市公司披露自身环境责任信息的自愿性，基于西方许多信息披露做得比较好的公司实例可以发现，有效的环境责任信息披露是有助于公司树立自身形象的，并且在同行业竞争中也能占有优势，营造一个环境责任信息披露的良好氛围，公司从自身利益出发也会自觉做好环境责任信息披露。

其次，我国是一个政治大国，政治因素对环境责任信息披露发展的影响也不容忽略，政府部门对环境责任信息披露制度的建立和执行的大力支持与推动至关重要。

从我国及贵州省企业环境责任信息披露现今所处的状况出发，结合上文列举的欧盟、美国、日本、印度尼西亚在企业环境责任信息披露制度上的规定和相关实践经验，笔者总结出以下几点经验。

1. 完善惩罚机制

基于对过去上市公司的环境责任信息披露行为的分析能看出，在一些环境责任信息披露制度较完善的国家或区域，公司的环境责任信息披露行为主要由两股外部力量推动，即利益相关者的社会压力和国家法律的强制性要求。而在我国还未营造出企业自主披露环境责任信息的氛围时，上市公司要做到环境责任信息披露主要还是依靠相关法律规则的强制性要求，具体来说就是各级政府部门、金融监管当局及证券交易所的各项规定和指令，那么完善相关惩罚机制和严格执行相关规定就显得尤为重要。在美国和日本相关规定中，不按照规定披露环境责任信息的企业都将承担严重的法律后果。例如，美国规定，如果企业没有按照规定及时、正确地公开环境责任信息，企业将会面临高额罚款，并且采用了"按日计罚"的方式。严格的处罚机制会增加企业违法成本，使得企业违法成本高于治理成本，迫使企业减少违法次数进行企业环境治理。从近年环保查处力度看，资本市场监管层对涉及环保问题的审核越来越严格，上市公司频频被开出环保罚单。越来越多拟上市公司因环保不过关导致 IPO（initial public offerings，首次公开募股）被否。为提高公司环保意识，证监会明确表示，最近三年内受到环保相关行政处罚或刑事处罚的公司，情节严重者，不得 IPO。数据显示，不少企业在 IPO 前夕因环保问题而折戟。在证监会第十七届发行审核委员会（以下简称发审委）2018 年第 20 次会议审核中，企业因环保疏忽而折戟 IPO 的现象尤为显著。2018 年 1 月 23 日，根据审核公告，申请上市的 7 家企业有 6 家被否，其中有 3 家主要是因环保问题铩羽而归。比如，发审委指出赣州市某公司不符合上市条件的首要问题就是，该公司在报告期内，存在未取得危险化学品登记证和安全生产许可证而从事生产、储存与销售氯化钴及硫酸钴产品的行为，以及未取得环境影响评价审批即进行项目建设的行为。同日同次审核会议，南通市某公司则存在部分喷漆镀铝、电镀等生产工序逐步以自主生产取代外协加工，自主生产成本明显高于单位外协成本的问题，发审委要求其说明，是否具备电镀许可证等相关资质，以及上述工序的生产过程是否符合环保相关规定。同一天因环保不合规而被"绊倒"的还有苏州市某公司，报告期内该公司的子公司因环保违规被处以 8 项行政处罚，因安全生产问题被处以 3 项行政处罚。在审核问询方面，发审委开门见山。查阅招股说明书（申报稿）可以发现，苏州市某公司的子公司在报告期内曾分别受到环保处罚。此外，苏州市某公司在规划、消防、税务、农业、畜牧等部门领到多项处罚，且在报告期后期仍持续发生。比如，在动物防疫条件合格证方面，苏州市某公司的子公司部分养猪场尚未办理完毕动物防疫条件合格证，且部分养猪场的动物防疫条件合格证在出租方名下，此外，部分养猪场待办理排污许可证。对此，苏州市某公司在申报文件中的态度是，该等养猪场对发行人生产经营影响较小，且发行人、实际控制人已出具相关承诺，不会对本次发行上市造成实质性障碍，但最终该环保事项阻碍了苏州市某公司的上市进程。这些处罚力度的加大增加了企业的违法成本，有利于我国企业环境责任信息披露的进一步规范。

2. 引入第三方评估

我国对企业环境责任信息披露已经出台了一系列强制性文件，一些企业会单独出具环境责任报告，但更多企业的环境责任信息则披露在年报或者社会责任报告等其他报告中，并无单独的披露。企业在披露环境责任信息时，各类信息的性质、质量不一，不同类型的环境责任信息难以定性，排列方式多样也让对企业披露的环境责任信息进行评估成为难题，如何才能有效地评估是进行环境责任信息披露问题研究的重点。目前主要的评估方式是通过逐句阅读企业提供的环境责任信息，由于阅读主体不同，在质量评定方面容易出现误差，这种个人阅读式评估方法自身存在较大的主观性，得到的结果并不客观、公正。应设计可行的评价体系并引入第三方评估这一概念。第三方评估机构的介入能够明显提升企业环境责任信息的质量。第三方评估机构的介入不仅能够在一定程度上抑制企业环境责任信息造假现象，而且对得到具有社会影响力的第三方认定的企业而言，可以提高企业社会形象和市场软实力及竞争力。第三方评估机构的成立也使得企业环境责任信息披露质量有了进一步的提升，发挥了民间环保机构在环保工作中的积极促进作用。

3. 重视环境会计报告

环境会计，即绿色会计。环境会计报告是指环境会计体系向相关信息使用者提供环境会计信息的方式，比现行的环境责任报告的内容更加完整和翔实。环境会计信息应提供对经济决策有用的信息，满足企业治理者和社会公众等主要的信息使用者对企业环境信息的需求，目标是向资源委托人报告受托经济责任的履行情况。环境责任信息则仅包括政府强制要求披露的企业践行的环境责任情况。环境会计信息包含了环境责任信息，具有更大的内涵和外延。企业将用货币作单位，将企业在污染防治、环境开发等方面发生的相关费用进行记录，最后确认计量企业因环境维护管理和开发而带来的综合效益并形成报告。美国和日本对环境会计非常重视。在日本，企业环境会计报告作为一种环境会计信息披露形式，是企业环境责任报告中必不可少的组成部分；美国也将环境会计报告作为企业环境会计信息披露的重要部分，由美国会计学会成立的行为环境影响委员会要求企业同时编制内部和外部两份报表对企业环境会计信息进行披露。目前，我们国家仅有一小部分上市公司会在出具年度报表时披露一些环境会计信息，并且它们所披露的信息数量、水平参差不齐，披露文件也不规范统一，披露环境会计信息的企业大多是被政府强制要求披露的重污染、高耗能的重点关注企业。重视环境会计信息披露迫在眉睫，无论是披露方式还是披露的内容都将日益体系化，这也是我国发展低碳经济的必经之路。

目前，80%的企业环境问题都是由企业在利用环境的过程中引发的。企业环境会计报告的公布能使企业将环境治理成本主动、自愿地承担起来，也使得环境污染成本内化。但遗憾的是，当前我国未建立起自己的环境会计系统，这为贵州省提供了一个契机，使贵州省可以依靠大数据优势，优先建立起环境会计系统。环境会计不只是会计学的内容，其重点在于环境学，但又要保障公司发展，这又涉及经济学，是一门较为复杂的混合学科，环境会计的职责并不只是保护环境，所以仅遵循环境法的规定是不够的，这门学科的复杂性导致公司建立环境会计体系困难重重。此外，我国还没有明确的法律法规统一量化环境会计的各种要素，环境会计信息披露缺乏行业标准，进而让环境会计信息披露在国内企业中很难推行开来。就连规范所有会计工作的准则《中华人民共和国会计法》中，也没有关于环境会计的规范，我国还未重视建立、健全环境会计的相关法律法规，也还未重视环境会计在企业会计行为中的地位，这些都严重阻碍了企业环境会计的发展。推广环境会计，还需要相关法律的完善，以及跨学科资源的整合，这一过程所需的复杂信息正是大数据环境的优势所在，所以在贵州省推广环境会计比在其他地区更具有优势。

4. 明确环境会计信息的开展流程

环境会计是一种新兴会计种类，许多企业并没有具体的开展流程，刚开始进行这类会计行为时，会遇到不少瓶颈，所以企业需要明确环境会计的开展流程。环境会计这项新的工作并不简单，由于其涉及面广，需披露的信息也比较复杂，在这项工作开展前企业就应该做好充足的人力、物力及资金准备。披露企业环境会计信息并不只是简单地公布企业资源消耗量，还需要反映企业对环境保护的投入成本及其所产生的收益、企业承担的各种社会责任等。并且，环境会计工作与财务会计工作应协同并进，环境会计的消耗成本最终会以货币为计量单位统筹到财务会计工作中去，披露企业环境会计信息的费用类成本信息应使环境会计工作同财务会计工作一同处理，才能使企业披露的信息更加准确、可信。此外，整理企业的环境会计信息是一项漫长而复杂的工作，企业在未建立环境会计之前的环境会计信息需要重新整理并分类，并且需要将已有的成本耗费加入到已经被企业使用的成本计算体系中去，保留需要使用的数据，不适用的计算模型还需修改重建，工作量较大，这些都需要大量的人力资源和时间，这就要求公司对人力资源进行合理的分配。如果在整个公司开展环境会计工作较为困难，公司可以选取具有代表性的部门或者某一区域，先进行局域性的环境会计工作，积累经验，完善开展流程后再扩大环境会计工作的实施范围，在建立工作标准、完善工作体系之后再将环境会计在全公司推行。

5. 加强环境会计报告研究

通过上文对美国、日本等国家或区域环境会计工作开展情况的实例分析，在开展贵州省大数据背景下企业环境责任信息披露研究时，应充分借鉴国外及国内先进城市对环境会计的理论研究，充分了解其他企业环境会计开展现状，学习环境会计经验并去其糟粕。本书的分析只是国内外披露环境责任信息公司的一小部分，要做好这项工作还需要贵州省企业深入学习国内外先进企业的理论经验，研究美国、日本等环境会计较发达国家的文献资料，了解其他国家的企业在进行环境会计工作时，在披露企业环境责任信息过程中走过的弯路，总结经验并且吸取前人教训。贵州省企业应该一边开展环境会计工作，一边加强对环境会计报告的研究，有效避免前人在披露中出现过的错误。加强环境会计报告研究无疑能降低环境会计工作的困难程度，工作难度降低、有经验可循可以使我们的环境会计工作开展更加顺利，在披露环境责任信息内容上也更加符合国际标准。虽然贵州省环境会计工作起步晚，但加强环境会计报告研究无疑是贵州省环境会计工作的加速器，多了解别人的先进之处更有助于贵州省环境责任信息披露工作后发赶超，尽量达到与发达国家一致的水平。除了要对外学习他人经验之外，贵州省自己在开展环境会计工作过程当中也应该不断发现错误、改正错误、总结经验，深入到环境会计与财务会计学、社会学及环境学关系的研究中，并将研究付诸实践。

6. 明确环境责任信息披露义务

根据上述国外立法和实践的经验可以看出，企业环境责任信息披露制度的建立和完善需要相应的法律法规与配套机制对其予以保障。美国、日本、欧盟、印度尼西亚等国家或区域均是立法先行，随后根据社会发展和环保需要，不断地对相关法律和规定进行完善。美国、日本、欧盟、印度尼西亚等国家或区域同时有多部法律的内容都涉及上市公司环境责任信息披露的内容，在披露制度、监管手段、处罚措施、配套机制等各个方面都比较完善。目前，我国环境污染和生态破坏形势严峻，而在企业环境责任信息披露的法律制度与监管机制方面却和发达国家存在一定差距。相比国内其他省区市，贵州省具备一定的环境生态优势，但想要保住这一生态优势，贵州省仍需要在法律制度与监管机制上进行完善和加强。虽然我们鼓励企业自主披露环境责任信息，但是在完善环境责任报告的工作进程中，政府明确各企业的披露义务也是十分必要的，这是对环境责任报告工作的推进，也是对企业披露环境责任信息的监督，给企业施加一定的政府压力，这种合法性要求有利于企业明确自己的披露义务。出台相关指导性文件和强制性文件在国外已经是屡见不鲜。例如，美国环保局出台的《作为企业管理工具的环境会计入门：关键概念和术语》等指导性文件为美国企业开展环境责任信息披露工作指明了方向，尤其是在环境会计工作初期起到了相当大的辅助作用；而在日本，环境部门最新出台的《环境会计指南》等文件明确规定了日本企业环境会计工作的开展步骤，明确了日本企业需要披露的环境责任信息等。这些由政府及相关部门出台的环境会计指导性或者规定性的文件，使得美国、日本等国家在推广环境会计工作时有规可循，这类环境会计工作标准性文件在推广环境会计工作的同时也明确了各企业的环境责任信息披露义务，在建立健全行业环境会计工作中起到了至关重要的作用。由此，我们可以推断，贵州省政府机构明确各企业的披露义务是大数据背景下贵州省企业环境责任信息披露进步的一大台阶，也是十分必要的一步。只有这样才能将各大数据企业的环境责任信息披露工作统一起来，更便于贵州省开展大数据行业环境会计研究工作。虽说每一个单独的企业都可以有自己的环境会计信息披露标准，但由于大数据企业在贵州省犹如雨后春笋般出现，政府就必须给出统一的规范，只有政府及有关单位出台的标准性文件，才能将各家企业统一起来。明确规定各企业的披露义务不仅能避免企业间界限模糊、各企业定位不清等问题，还能帮助各企业找准定位，不做不必要的浪费，使得各大数据企业间具有可比性。就贵州省而言，从上文的分析和实践调查中可以发现，贵州省大多数企业并不了解环境会计工作，多数企业还处在只关心经济效益的阶段，并未将环境保护列入自己的职责当中去，如果只是向这些企业宣扬环境会计工作而没有明确他们的环境责任信息披露义务，就会使许多企业盲目开展工作而不见成效。在贵州省开展环境会计工作初期，政府明确各企业应该披露的环境会计信息的内容、方式、时限等显得十分必要，只有政府正确引导，各企业的环境会计工作才能够更加顺利地开展下去。

7. 加强环境会计信息披露的可靠性、可比性与可理解性

环境会计信息和一般的财务会计信息一样，都是为了向信息使用者提供真实、可靠、利于决策的会计信息，但由于环境会计工作在贵州省起步较晚，贵州省对于这类新兴会计工作并没有建立标准体系，不仅是贵州省企业，国内很多企业披

露环境会计信息只是迫于政府压力，为了合法性支出才进行这项工作。这些企业披露的环境会计信息大多应付了事，仅为了完成工作而披露，并不在意披露信息的质量，这就造成了企业环境会计信息可靠性欠缺、行业内企业环境会计信息不可比、披露的信息不适用等问题，这不仅浪费了环境会计工作消耗的资源，而且增加了企业经营成本而不见收益。多数企业进行环境会计工作时，看重的往往是短期利益，披露内容随意，对企业声誉不利的环境会计信息往往知而不报，或者经过修饰后缺报、漏报，形成了"报喜不报忧"，形成任务型的环境会计工作氛围，在这种氛围下企业披露的环境会计信息可靠性不容乐观。这类现象是由于贵州省甚至我国对环境会计信息披露工作的重视程度不高，也没有明确规定企业披露的环境会计信息内容、质量标准及质量评估标准。由于制度的缺陷，各家企业在披露环境会计信息时，披露的会计主体、会计工作的实际与信息内容都不一致，想要在行业内比较各家环境会计信息尤为困难，这使环境会计信息缺乏了它本身应具备的可比性。此外，由于环境会计信息使用者众多，其中包括社会公众、消费者、企业管理者、企业债权人、政府机构等，使用者身份繁杂，企业在披露环境会计信息时需要考虑到各信息使用者的可理解性，这样无论是普通民众还是机关单位都能及时、详尽地了解企业的环境会计信息。可理解性对企业披露环境会计信息来说，是特别需要注意的一点，如果不能被各利益相关者理解，那么企业之前的环境会计工作几乎前功尽弃。如果企业认为只在年度报告等企业报告中披露环境会计信息不足以让利益相关者理解，企业可以像美国、日本等国家的先进企业那样选择出具单独的环境会计信息报告，将环境会计信息从公司总的财务会计报告中分离出来，这样可以更详细地披露企业的环境会计信息，同时也便于信息使用者使用。需要注意的是公司单独出具环境会计信息报告对公司环境会计工作的要求较高，公司可以在环境会计工作开展初期将环境会计信息披露在财务会计报告中，并且慢慢积累经验，控制好环境会计成本，即做好环境会计工作内部控制，待企业环境会计工作成熟后再单独披露环境会计信息。综上所述，公司必须重视环境会计信息的可靠性、可比性与可理解性，在披露环境会计信息时必须做到保障环境会计信息的可靠性、可比性与可理解性。保障这三点属于提高环境会计信息质量的内容，但由于其重要性，在此特别提出，希望贵州省企业重视。

8. 统一披露形式和内容

企业在披露环境会计信息时，还有一个重要方面就是要统一披露形式和内容。企业考虑披露环境会计信息的形式和内容时，应考虑到以下三点：首先，企业在披露任何环境会计信息时都应该考虑到披露信息的目的，即为信息使用者提供真实、可靠、有用的会计信息。在环境会计工作开展过程中，一个部门或者一个区域提供的环境会计信息并不是完全准确的，在披露环境会计信息时应将企业得到的环境会计信息与其他信息协同分析，披露时不单单披露环境情况，而是披露企业的综合状况，保障环境会计信息是综合、全面的。从环境会计信息使用者的角度来看，每个使用者对信息的内容要求不一，所以企业在披露环境会计信息时需要考虑到各方使用者的需求。其次，企业在推广环境会计工作过程中，不能盲目降低环境投入，不能追求披露的环境会计成本最小化，要通过不断地实践，找到合适企业的"环境成本"投入量，在披露环境会计信息时，环境成本数额越小并不代表该企业在披露环境会计信息方面越优秀，盲目追求环境会计报告上的小数额容易给企业带来更大的隐患，后期可能会需要企业投入更多的资本去维护前期的错误，企业应合理看待环境会计报告上的合计投入项，保障其数额合理、健康。最后，企业推广环境会计时应不断发现自身披露的环境会计信息不足之处，不断加以改正，同时企业所处的竞争环境也是瞬息万变的，企业披露的环境会计信息不能一成不变，还需根据不同的环境要求对环境会计信息内容作出调整，使之能够不断更新满足社会公众的需要。推广环境会计工作是一个漫长的工作，企业应看重这项工作的可持续性，短期的环境会计工作不能为企业带来多大的收益，长期的信息积累才有助于企业的长期发展，所以企业应该坚持开展环境会计工作，并不断完善会计信息，这也是企业自身的成长。

国外关于环境会计信息披露的范围界定清晰、内容具体明确、模式规范统一。根据上文分析，本书认为上市公司环境会计信息披露首先应当明确"环境会计信息到底是什么""应该具体披露哪些信息"。只有在披露原则和具体规定上进行界定与明确，对企业的环境治理才更具备可操作性。其次，以美国、日本、欧盟、印度尼西亚等国家或区域的相关立法实践为参考，就规范上市公司环境会计信息披露的内容而言，进行规范十分必要。应当明确规定企业要着重从环保理念方针、节能减排、循环经济、环境管理、环境投资、环境风险等多个方面进行披露。最后，应当对上市公司环境会计信息披露的形式进行统一。虽然美国、日本、欧盟、印度尼西亚等国家或区域关于形式并没有强制要求，但大部分的上市公司都用环境责任报告的形式进行披露，而欧盟多数成员国则强制上市公司在年报或独立环境责任报告中进行企业环境会计信息披露。当前，我国在环境会计信息披露方面仍处在初步探索阶段，应当对企业环境会计信息披露的内容与形式进行统一规范，让信息无论是从纵向还是从横向都具有可比性，便于投资者和公众进行比较分析，便于监管部门更有效地进行监管。

9. 提高外部治理水平

从美国、日本、欧盟、印度尼西亚等国家或区域的实例可以看出，外部治理水平与企业环境责任信息披露的质量存在正相关关系，即有效的外部治理能无形中提高自身的环境责任信息披露质量。目前，我国企业进行环境责任信息披露的主要原因是外部压力推动企业执行，而非企业本身自主披露，其中一个最重要的助推力就是政府施压，政府对相关文件的管理必须要有针对性，在管理过程中做到严格执法、多方位监督，严格的外部环境促使企业倾向于披露更多、更全的环境责任信息，以获得政府的合法性支持；引导消费者偏好，引导企业积极宣传环境管理行为和成效，使这类企业占有更多市场。

在媒体和公众的监督之下，企业如果面临着一些重污染企业的竞争，就会更加主动地去展示自己在环境方面的绩效，也倾向于披露更多的环境责任信息，其中媒体监督尤为重要，不仅因为它是重要的外部治理机制，也因为其广泛的影响力，让媒体监督充分发挥其职能，对企业来说，媒体曝光度越高，受公众关注越多，而一个企业如果不披露必要的环境责任信息，信息不对称容易造成负面报道增多，企业面临的外界舆论压力就越大，就更有可能向公众披露更多的环境责任信息来缓解外部压力，以使自己与其他不注重环境保护的企业区分开来得到更多的消费者偏好。

10. 提高全民环境保护意识

公众对环境的保护意识对于促进企业环境责任的承担具有重要推动作用。当社会环境保护意识较高时，企业不得不重视环境保护和治理工作，否则企业的产品竞争力和市场软实力会承受极大的负面影响，与此同时一旦企业违反了环境保护相关法律条例，高保护意识的群众将会进行投诉和举报，使得企业将会承担高额的诉讼费用和赔偿，高昂的违法成本迫使企业必须对环境保护进行重视，且对环境责任信息进行披露。我国国民的环保观念和整体国民素质都有待提高，我们的环保理念与美国、日本、欧盟、印度尼西亚等国家或区域还存在一定的差距。在很多发达国家，他们的节能环保措施深入到了生活的方方面面，如对用水量的控制、对空气有害物质含量的控制、对街头尘埃的防控等。但在我们国家，公共用水、公共用电、公共环境卫生并不受重视，而这些被忽视的能源滥用等问题正是发展低碳经济最重要的元素。尽管我国已经通过教育行业加入了低碳环保的相关课程，但这些知识还需要更广泛的传播，同时执行的力度还需加强。就国内而言，社会层面消费者和投资者保护环境意识较弱，企业经营者们盲目单纯地追求利润，进行扩张生产，肆意浪费资源污染。例如，我国消费者对需要购买的商品进行选择时，更倾向于购买价格便宜、功能齐全的商品，而很少将产品是否环保节能纳入考虑范围；同样投资者在进行股票买卖时，绝大多数只会单纯关注上市公司的业绩和分红，极少会去了解公司的环保理念和环境风险。投资者与消费者的环境保护观念不强，直接导致企业对环境责任信息进行披露的动力和压力不足。因此，在建立环境责任信息披露制度与体系之时，只有努力提升社会大众对环境保护和环保风险意识，让企业能够自愿、主动地进行环境治理和环境责任信息披露，我国上市公司环境责任信息披露的制度才能真正建立和完善起来。对贵州省而言，生态优势和近些年来其他省区市严重的环境污染（如雾霾、沙尘等）进一步增强了公众的环保意识，政府部门应抓住这一有利时机，进一步加大环保宣传力度，保住贵州省的生态优势，真正落实大生态、大数据的战略目标。

6.2　国内其他省区市企业环境责任信息披露管理经验启示

根据上文和收集的相关信息可知，相对于国内其他省区市，贵州省虽然经济发展水平较低，但具备一定的环境生态优势。贵州省如何保护和发挥自身的环境生态优势，可以向其他经济发展相对领先的省区市进行经验借鉴和学习。

根据中国环境新闻工作者协会发布的《中国上市公司环境责任信息披露评价报告（2015 年）》可知，我国东部地区企业环境责任信息披露水平最高，而中部地区企业环境责任信息披露水平却低于西部地区。因此，本书选取了处于我国东部沿海地区经济发展水平较高的上海和我国文化、政治中心的首都北京作为参考，收集了上海和北京的相关企业环境责任信息披露管理经验，作为贵州省提高企业环境责任信息披露管理水平的重要参考之一。

2017 年 10 月 27 日，陆家嘴金融城理事会绿色金融专业委员会（以下简称陆家嘴绿专委）在上海与多家机构和市场协会进行联合，共同发布了《陆家嘴金融城绿色信息自愿披露倡议》与《陆家嘴金融城绿色责任投资倡议》（以下简称两份倡议），旨在推行国际先进的投资理念与方式，建立透明、可持续、管理有序的绿色金融生态体系，达成经济发展与环境保护和谐统一的发展目标。

两份倡议的发布得以帮助在上海地区进行企业环境责任信息披露理念的推广，推动企业环境保护能力建设的进程，自愿进行披露的企业将会成为其他上市公司公布环境责任信息的示范。目前，陆家嘴绿专委与政府、企业、第三方服务机构等 30 多家成员单位进行联合，同时集结高校等学术研究机构、行业协会代表，于实务层面上，促进绿色金融的创新与发展，逐步建立一个"业界共治"的绿色金融平台。

2017 年 10 月 11 日，北京市金融工作局联合北京市发展和改革委员会、中国银行业监督管理委员会北京监管局等相关八个部门共同出台了《关于构建首都绿色金融体系的实施办法》（以下简称《办法》）。《办法》提出提高构建绿色金融体系的速度，并且从整体上规划了有关绿色债券的政策激励、信息披露、创新发展与培育绿色投资者等方面。《办法》对北京上市公司与发债企业在提升自身环境责任信息披露强度方面作出了大力支持，促使进一步推动建立与完善强制性环境责任信息披露制度，如此将更加积极地引导社会资金配置作用的发挥，《办法》大力鼓励企业自觉发布环境责任报告，并鼓励社会第三方机构参与到上市企业环境责任信息与分析报告的采集、研究和发布过程中。环境责任评价不但能够促使企业主动承担环境与社会责任，而且能够推动高污染型企业向绿色企业转型升级的进程，推动扩充绿色债券发行人的数量。《办法》还鼓励企业引入第三方机构进行评估和评级，鼓励环境责任信用评级机构对发行人的绿色信用记录、募投项目绿色程度、环境成本费用及发行人债务信用等级等方面进行全方位的评估和评级，且将其评估和评级结果在企业信用评级报告中进行单独的披露。这些评估和评级结果将对投资者识别绿色债券产生帮助，为投资者进行绿色投资提供很大的便利，提高地区的社会资本资源向绿色产业进行配置的能力。

结合该《办法》、陆家嘴绿专委发布的两份倡议及贵州省企业环境责任信息披露现状，笔者总结了以下几点经验启示：贵州省作为国家大数据实验中心，应当充分利用大数据给企业环境责任信息披露质量带来的正面影响，早日发布有关企业环境责任信息披露的相关条例及办法，积极充当国内促进企业环境责任信息披露质量和治理水平提高的领头者；贵州省应当加快促进政府、企业和第三方机构的数据信息融合，建立和健全透明、可持续、管理有序的绿色经济生态体系，使得经济发展与环境保护能够和谐统一。

第7章　贵州省企业利用大数据提高环境责任信息披露能力对策研究

　　根据前文分析阐述的贵州省企业环境责任信息披露现状及国内外先进经验，发现现今贵州省企业环境责任信息披露的问题还较为突出，很难保证环境责任信息披露的质量。但在大数据时代，企业相关信息的产生、信息披露的形式及信息处理方法都出现了改变。

　　首先，在大数据时代，企业环境责任信息更新速度加快，继而提升了企业环境责任信息增长和处理的速度。这些变化很大地满足了社会大众在企业信息披露及时性方面的需求和要求，提高了企业信息披露的时效性。此外，具备及时性的信息披露也更加能够帮助信息使用者及时得到有关决策的信息，能够对促进信息使用者的决策有用性和及时性产生一定的影响，增强企业信息披露的效率和质量。其次，在大数据时代，强化了企业环境责任信息的流通性，同时也强化了环境责任信息的可获取度，使得环境责任信息共享能够取得巨大的发展与完善。特别是政府部门、监管部门与企业的信息完成了互联互通，将会积极推动企业环境责任信息披露质量的提升。再次，在大数据时代，信息披露的即时性、互通性与开放性能够在很大程度上降低信息存储和获取成本。在大数据时代，企业可以通过云端存储海量环境责任信息，这不但极大地对信息存储空间进行了拓展，而且节约了大批设备购置和后期维护的成本费用。最后，企业信息的相关使用者也能够随时通过对云端进行访问而方便、快速地获取企业信息资源，同时，一定程度上减少了信息获取成本。综合分析证明，应用大数据先进技术能够在很大程度上减少企业信息披露的相关成本费用。

　　作为全国大数据研究中心，贵州省理应将先进的大数据技术优势进行充分发挥，积极促进企业环境责任信息披露的规范化、充分化、合理化等诸多方面。因此笔者根据前文分析的贵州省典型地区企业环境责任信息披露影响动因，在参考国内外先进经验的基础上，充分考虑贵州省实际情况，探索贵州省企业环境责任信息披露治理的解决路径，尤其是结合贵州省大数据产业的发展，为探索利用大数据产业促进贵州省企业积极履行和披露环境责任信息提出以下几点建议措施。

7.1　利用大数据完善贵州省企业环境责任信息披露法律体系

国家的大数据中心目前设立在贵州省贵阳市，这对贵州省的经济发展起到了十分关键的作用。在大数据时代，传统的经济发展已经无法适应当前社会的进步，无论是在城市规划方面还是在医疗等其他方面，大数据的应用都已经深入到了人们的日常生活中。而对贵州省而言，成为国家的大数据中心，能够更好地帮助政府和企业引进投资，进而更好地发展。同时，大数据的概念在人们的脑海中也显得愈加深刻，人们也逐渐意识到当下是大数据的时代，大数据对发展而言有多么重要。大数据能够快速整合各类数据与信息，在环境保护观念日益强化的今天，为了督促企业承担环境责任，应该将大数据运用到其中，这不仅会给企业带来一定的压力，从而对外披露企业的环境责任信息，同时，企业为了更好地做到对环境的保护及环境责任信息的披露，会在企业的日常运营与发展中注重对环境、生态的保护与改善。在运用大数据的背景下，也应该不断完善企业环境责任信息披露的法律法规，在这两方面的作用之下，会推动企业自觉进行环境责任信息披露的进程。具体来说，有以下几点。

（1）贵州省应当充分利用大数据和生态优势，结合具体省情，参考国内外先进环境责任信息披露理论与经验，努力完善贵州省企业环境责任信息披露的相关法律法规。贵州省可利用大数据先进的分析处理技术，充分整合目前财政部、国务院国资委、审计署、证监会、证券交易所等各部门收集发布的相关数据，处理并分析贵州省企业环境责任信息披露数据，找出贵州省存在的具体问题，理清当前条件下影响贵州省企业环境责任信息披露质量的关键因素。针对存在的具体问题对企业信息披露制度进行规范和改进，进一步明确和细化企业应当公开披露的环境责任信息的内容范围与应履行的社会职责。同时，应当努力提高企业环境责任信息公开的法律层次，将企业环境责任信息公开主体的范围进一步拓宽，完善企业环境责任信息公开的具体内容，拓宽企业环境责任信息公开和信息使用者获取信息的途径，健全企业环境责任信息公开的监管机制和责任追究机制，对企业环境责任信息公开的法律救济机制进行完善等。可建议全国人民代表大会等立法部门在吸收现有的法律法规和部门规章的合理规定的基础上，参照国际公认的环境责任信息披露的规范标准，吸收借鉴学术界和实务界的研究成果，从法律上建立我国统一的环境责任信息披露制度，同时辅以具体的法规对法律进行解释，确保环境责任信息披露制度的可操作性。当然，鉴于目前我国的具体国情，可以分两步走。第一步，由国务院国资委、证监会、生态环境部等部门参照会计准则对财务报告进行规定，对我国上市公司、中央企业、重污染行业企业的环境责任报告的原则、内容、格式、分级标准、信息的质量要求、披露不实信息或未能及时披露信息的相关惩罚等作出较为翔实的规定，应比照会计准则等规定，对企业环境责任信息披露的可靠性、充分性、可比性、及时性提出要求，切实规范我国企业（尤其是以国有企业和上市公司为代表的大企业）披露的环境责任信息。在企业环境责任报告的内容披露上，建议借鉴我国企业会计准则，在我国企业负责环境责任信息披露人员的素质仍有待提高的环境下，统一规定我国上市公司和大型企业所披露的环境责任信息的整体框架结构、必须披露的分级分类信息，尤其应强制性要求企业披露基本的定量信息，确保企业说明其对环境所履行的社会责任，不能仅通过自我美化的文字说明就完成全部的环境责任信息披露。尤其需要注意的是，环境责任报告规定中应参照财务报告的相关要求，参考社会责任指南标准 ISO26000 和 GRI（Global Reporting Initiative，全球报告倡议组织）等的相关规定，结合我国国情，积极探索建立包括环境责任信息在内的企业社会责任信息披露的定量披露指标体系，强制性要求企业披露涉及各利益相关者的各项定量的社会责任指标，以避免出现现行的企业普遍美化夸大其履行的社会责任且对损害利益相关者行为避而不谈的问题。建议企业环境责任信息披露指标体系既要采用绝对值指标，也要采用相对值指标，以便更好地使各种行业特征、规模不同的企业所披露的环境责任信息具有可比性。第二步，在各部委所公布的企业环境责任信息披露规范试点实施后，根据实际运行状况组织专家和实务人员进行进一步论证，待条件成熟时，由全国人民代表大会常务委员会讨论立法，进一步为依法治国作出重要的贡献。需要注意的是，有部分专家学者建议在企业环境责任信息披露的规范制定时需要考虑我国各地的具体经济发展水平和现实的环境责任履行情况。本书认为，应统一由法律法规规范全国企业环境责任信息披露行为，考虑到我国国情，根据我国区域发展、行业发展不平衡的现状，鉴于中小企业规模所限难以承担过高的社会责任，可以考虑对中小企业采取更为宽松的监管制度，不由法律强制要求其披露环境责任信息，而主要由环保部门对中小企业的环保执行情况进行监管，在强制性规定中要求一定规模以上的企业才必须披露环境责任信息，以避免过分加大我国中小企业的运营成本，可以考虑借鉴企业会计准则相关指南的做法，先从影响群体较广、享受政府资源较多的上市公司开始，修订完善上市公司环境责任信息披露指南，在企业环境责任信息披露基本规范的基础上，通过指南进一步具体明确上市公司所披露的环境责任报告的范围及具体内容，并要求上市公司从严进行环境责任信息披露；对于中小企业，鉴于其本身税负较重、利润率较低，可以在调研取证的基础上，在合适的时机引导其主动承担环境保护等法律性强制义务，待其企业逐渐发展壮大之后再进一步要求其披露环境责任信息，无论其履行责任的多寡，需要披露其履行的环境责任信息。另外，贵州省可以根据本省的特殊情况，在全国统一规定的法律框架范围内进一步制定本地区或针对某些特定行业的细则，以推进企业环境责任报告的应用性，通过法律法规的不断规范，使企业环境责任信息披露规则清晰、可预见，最终建立适应贵州省省情的企业环境责任信息披露法律框架。

（2）我国其他省区市和贵州省应当更加完善有关企业信息披露的监督机制、处罚机制和诉讼机制，更好地发挥政府部门和民间组织的监督作用，加大违法违规处罚力度和惩戒力度。根据实践经验，单一的监管模式和手段无法对企业环境责任信息披露起到较强的促进作用。环保执法是否有效也在一定程度上影响了法律的有效实施。相关环保体制的完善性、执法权限配置的合理性、人员配置的合理性、经费设备的全面性都属于有效执法的前提。贵州省可以充分利用大数据先进技术筛选得出信息披露问题严重的企业，进行公告和严格的惩处，同时警告和震慑其他企业。

（3）法律应明确规范并细化企业环境责任信息披露的内容和形式。例如，明确要求环境责任信息披露时需要量化披露以下指标：环保投资率、单位收入能耗率、单位收入排废量、环保经费与销售收入率、材料用费率、单位产值能耗、环保经费增长率、可再生能源使用率、污染物排放达标率。

7.2　整合优化企业环境责任信息披露渠道

目前，大部分企业的环境责任信息披露内容主要在企业财务报告及其附注、董事会报告、监事会报告或者招股说明书中进行体现，只有少数企业会将环境责任信息披露于证监会所认定的重要报刊上。除去以上途径，在企业网站、媒体、财经网站等网络平台上披露企业相关信息的企业数量也在不断增大。太多信息披露渠道供其选择反倒在一定程度上使得信息收集和对比更加困难，同时也使得信息收集与使用成本大大提高，而利用大数据可以迅速整合信息与数据，这一大优势克服了这些不足。

在大数据背景下，贵州省企业可以将所有文本、图表、视频等相关信息利用先进技术进行处理分析和集中整合，使用大数据分析工具运算，分析收集处理过的所有数据信息，对从中得出更加具有价值的信息进行披露。这样一来，贵州省可以解决过去企业环境责任信息内容零散、有效快速提取困难的问题，对贵州省企业环境责任信息披露的质量进行提升，降低环境获取和使用成本。政府在不断优化整合企业环境责任信息披露的过程中，运用大数据的先进技术，对当前的生态环境进行分析，更加有效地了解目前在环境保护上所获得的成效或还存在的问题。同时，企业也会更加注重环境责任信息的披露，无论是在数据上还是在文字描述上，都可以在大数据上验证环境责任信息的真实性。

整合优化企业环境责任信息披露渠道，能够让政府、公众更加直观地了解到现今企业在环境责任信息披露上的现状及存在的问题。同时，渠道的优化能在一定程度上帮助媒体、群众等对企业进行监督。尤其对贵州省而言，在大力发展大数据的背景之下，对企业的监管也将变得更加直接有效。就企业来说，环境责任信息披露渠道的优化能够给予企业更多的披露方式，这在一定程度上也会促进企业对外披露环境责任信息。

7.3　利用大数据提升企业环境责任信息披露的可理解性

在大数据时代，企业信息数据的处理、分析速度得到进一步提升，信息使用者能更快捷、方便地对决策有用的相关信息数据进行提取，根据分析结果更加全面、更加及时地掌握企业环境责任承担情况、运营状况等信息，为利益相关者进行决策提供了可靠有用的参考依据。但与此同时，就目前而言，企业披露的信息较为复杂多样，若是企业没有对披露的信息数据进行详细的解释说明，那么信息使用者在理解与分析的过程中将存在对信息披露的结果产生误解和偏差的可能性，如此便会影响信息使用者决策的准确度。

在对企业信息披露的可理解性进行提高的同时，让公众获知企业环境责任信息披露的过程及结果，人们的环保意识会不断增强，会更加认识到环境破坏所带来的灾难越来越多，由此带来的一系列恐慌会影响国家的稳定与发展。由此，无论是国家、政府还是企业对环境保护的关注也会变得更加频繁。企业作为国家的重要组成部分，同样也是国家经济发展的支柱与核心，企业在环境保护上所作出的贡献和努力会直接影响国家在环境治理上的质量。企业在对外进行环境责任信息披露的同时，不应该只是进行数据的罗列或者是文字的说明，更多地应该进行丰富的解释和不同的对比。可以是每年度的对比，也可以是和其他企业的对比，这样可以向公众传递最直观的信息，同时可以让公众看到企业在环境保护上所作出的努力与改变。这些对企业未来的发展都至关重要。

因此，企业应当努力提升自身所披露的信息数据的可理解性，可以通过可视化技术更直观地呈现出所想要披露的信息数据，利用对比图表及文字更加直观地展示企业社会责任承担情况和环境治理水平，若有必要，企业也可以利用视频等对其进行更深层次的阐释说明。随着环境责任信息披露可理解性的不断提高，企业在环境责任信息披露的质量上也会随之提高。

7.4　扩展企业环境责任信息公开的社会公众参与和监督渠道

首先，贵州省政府应该为社会公众参与企业环境责任信息公开提供机会和制度保障，对社会公众进行积极正面的引导，进而提升社会公众参与环境保护活动的能力与积极性。社会公众在环境保护的过程中起到了十分关键的作用，当政府能够积极地引导社会公众为保护环境作出必要的努力与贡献时，会促进社会公众及时转变保护环境与我无关的落后观念，并从小事做起致力于对生态、环境进行保护。政府对社会公众的引导还有一个重要原因是，人作为社交群体，经常会在一起传递信息和想法，当有一个人在思想观念上得到转变时，那么这种意识也会潜移默化地传递给其他人，当朋友传递给朋友、家长传递给孩子、量变达到质变的时候，环境保护将会成为整个社会的共同话题。同时，贵州省政府应当大力推动民间环保组织的建立和发展。大力鼓励民间环保组织的建立和发展不仅可以弥补社会公众自身参与能力不足的客观事实，而且能使社会公众在民间环保组织的带领下高效地参加到环境保护、治理和监督活动中来。民间环保组织作为一种社会团体，能够提高群众的参与程度，政府也应该为民间环保组织的建立及后续的一系列活动提供大力支持，使得民间环保组织能够长久发展和不断壮大，同时激励更多的环保组织建立起来，为社会的环境保护贡献一份力量。

其次，民间环保组织对企业环境责任信息的公开和企业环境治理起到了积极的监督作用。贵州省大数据产业的兴起与发展，对民间环保组织收集信息和数据将会起到积极的推动作用，民间环保组织能够更加快速地得到企业的准确数据，而民间环保组织主要是活跃在社会大众之间，大数据的发展使得民间环保组织可以更加及时、直接地将信息传递给社会大众，也可以将信息反馈给政府部门，企业在民间环保组织的监督之下，会更加注重在环境保护方面所作出的一系列举措，并转变环境保护意识，企业的管理者也会督促员工作出同样的改变，由此对企业环境治理产生更加显著的积极影响。

最后，对企业而言，积极正面的社会形象能够提升企业在市场竞争中的竞争力，负面的报道和舆论对企业来说是致命的。每一个企业都会重视媒体对企业的报道，积极的报道能够向社会公众传递积极的信息，尤其对上市公司而言，积极的报道能够在一定程度上推动该企业股票股价的提升，同时也会向社会公众树立一个良好的社会形象，促进企业业务的增长与口碑的改善。但是负面的新闻报道对企业带来的后果也十分严重。当关于企业的负面新闻传递到社会公众那里时，企业的社会形象也会因此大打折扣，这极有可能影响企业的业务及未来的发展。尤其在互联网极其发达的现在，信息的传递极为快速，企业发生什么问题、做了什么事情都会迅速地被发布在网络上，负面的新闻会被不断放大，因此，企业自然会更加注重媒体对企业的新闻报道。而对贵州省来说，还有一大优势，那就是大数据技术的发展优势。因此贵州省应当借助大数据技术的优势，鼓励新闻媒体增加对企业环境责任信息披露问题的调查和报道。一是让更多的社会公众认识到企业披露环境责任信息的重要性，加强社会公众的环保意识；二是通过曝光的方式迫使企业去披露环境责任信息；三是对社会舆论进行引导，利用社会公众的力量对污染环境的企业行为进行监督和制约，使企业在舆论的压力下减少污染行为。对环境表现良好的企业进行表彰报道，提升企业的社会形象，刺激环境表现不好的企业改善自己的环境行为。

7.5　建立企业环境责任信息验证与评级制度

目前的一个事实是，我国企业环境责任信息披露水平不够高，典型表现为：信息披露的随意性大、数据性披露较少、文字性披露不足等问题。部分环境责任报告没有经过独立第三方审验，但又存在自我宣传与自我标榜的嫌疑，使得其真实性、可靠性和实用性受到社会公众质疑。因而，我国迫在眉睫的工作之一，即对企业环境责任信息披露制度的相关规范的完善。政府和相关部门应积极发挥第三方的作用，探讨利用专业审验、评级组织等社会资源，评估和监督企业实际履行社会责任及披露企业环境责任信息的充分性和及时性，尤其是全面评估所披露的环境责任信息的真实性和完整性，切实改变企业环境责任信息披露"报喜不报忧"、对负面环境责任信息一笔带过等现状。同时，应将企业的信用评级和企业环境责任信息披露状况挂钩，切实完善企业环境责任信息披露机制。

能够保证环境责任报告真实性和可靠性的有效手段之一是环境责任报告的第三方审验与评级，但在我国，目前只有少数大型上市公司将其社会责任验证结果对社会进行公布，在权威机构中，只有上交所和深交所每年都对上市公司环境责任报告进行最低层面的考评，之后向社会公众公布，但还未有明确的质量级次之分，这说明我国环境责任报告评级机制有待完善。以财务报告为主要内容的环境责任报告鉴证业务虽然是新兴工作，但对企业环境责任的履行可以形成良好的制约。在"三证合一"、简化工商部门审批业务的今天，许多会计师事务所，尤其是规模不大的事务所业务量下降，因此环境责任报告的第三方审验工作有巨大的成长空间。我国可以考虑借鉴国外发达国家的环境责任报告第三方审验的经验，将环境责任报告的独立审验工作交由会计师事务所开展，既能提高企业环境责任报告信息的公信度，又有利于会计师事务所等中介机构的健康发展。

国外普遍承认的第三方验证标准是 AA1000 标准，该标准是由名为 Account Ability 的非营利机构成立的，该机构隶属于 ISEA（Institute for Social and Ethical Accountability，社会和伦理责任协会）。AA1000 标准由四部分构成，分别是原则标准、框架标准、鉴证标准和利益相关方参与标准，其目的是使一个负责任的企业在行动中履行可持续发展责任并促进利益相关者了解企业社会责任的重点，另外还能帮助企业更好地向有关各方有效传递其环境责任信息，有利于利益相关者了解企业履行社会责任的动机、战略、组织机构保障、具体行动策略等。由于规范的标准有利于第三方验证工作的实施和提高相关信息的可信度，能更有效地促进企业与其利益相关者之间的信息对称，进而促进企业的价值实现，推动企业的可持续发展。在第三方验证工作还较为缺乏的我国，如何对不断增加的企业环境责任报告提供有效的独立鉴定工作至关重要。未来企业环境责任信息披露的重点不仅需要通过强制性规定和激励性政策鼓励企业披露环境责任信息，更需要在企业环境责任报告数量增加的基础上进一步提升企业环境责任信息披露的质量。

根据国外发达国家的相关经验，第三方验证必须要结合规范的评级机制，正如前文所述，这需要在制定环境责任信息披露规范时予以确定，只有评级机制结合第三方验证，才能真正地将环境责任履行和披露较好的企业与其他企业区分出来，提升企业价值，进而促进企业积极披露环境责任报告，形成良性循环，环境责任报告本身的价值也会相应得到提升。作为我国资本市场的直接监管者，证监会应在法律规范体系建立之前，着重建设环境责任报告评级机制。第一，证监会应在调研我国上市公司的具体情况的基础上，与国际标准相结合，建立起符合我国国情的、科学的环境责任报告评级机制，并制定规则，定期考察我国上市公司披露的环境责任报告，无论是量化信息还是非量化信息，无论是强制性披露还是自愿性披露，均应对其可靠性、合规性等方面进行考察，以"分级别"的方式将企业环境责任报告进行归类。第二，在环境责任报告评级时，证监会应适当考虑证券分析师、投资机构的意见，因为这些专业机构和人士掌握更多的上市公司信息，在环境责任报告的披露质量和环境责任履行方面，拥有一定的评价权和发言权。例如，可以考虑，通过报告前咨询或报告后反馈的方式，将专业人士（如资深社会投资机构等）的意见纳入考评体系。第三，证监会应重视社会公众、投资者和潜在投资者的评价意见，尤其是企业附近社区公众的意见，这些人群对环境责任报告质量的评价，真正反映了企业环境责任报告和利益相关者之间的信息传递与反馈。证监会可以通过各种方式（包括电子邮件、公共信箱、网站留言等）定期地收集社会公众的反馈和意见，并在下期报告中提及对上期环境责任报告的改进之处。

一个完善的监督机制应包括事前规范、事中控制与事后监督，环境责任报告的验证与评级属于企业环境责任信息披露的事后监督。结合前文分析，本书对完善环境责任信息传递监督机制给出如下具体建议。

（1）事前规范，正如前文所述，在长期来看，需要立法机构对企业环境责任信息披露进行立法；就短期而言，需要政府各部门协同配合，推动企业环境责任信息披露机制的规范化和完善化。需要证监会、国务院国资委、国家市场监督管理总局、国家标准化管理委员会等各个部委，在参照 ISO26000、SA8000 等国际标准的基础上，在已有的《社会责任报告编写指南》《社会责任绩效分类指引》《上海证券交易所上市公司环境信息披露指引》《公开发行证券的公司信息披露内容与格式准则第 1 号——招股说明书（2015 年修订）》《关于共同开展上市公司环境信息披露工作的合作协议》等规范的基础上，结合实际执行情况，进一步健全企业环境责任信息披露的相关规范，提高企业环境责任报告的可靠性、可比性和充分性。

（2）事中控制，在企业环境责任信息披露规范完善之后，生态环境部、国务院国资委、证监会、上交所、深交所等部门之间的信息共享势在必行，由此，建议建立起统一的官方权威平台用于企业环境责任信息披露，这样既便于信息供给方的企业的有效信息传递，也便于作为信息需求方的利益相关者在公共平台上，对企业环境责任信息披露适时反馈和监督。此外，建立专家评价小组亦属必要，专家评价小组（包括第三方机构人员、主流媒体、政府官员、独立的专业人士等）的职责可定位成：定期对各上市公司环境责任履行情况进行尽职调查。

（3）事后监督，也就是独立的第三方对企业环境责任信息进行客观、公正的审验。在对验证进行规范规定的基础上，可以引进民间审计机构来完成对此的审验或审计。

总之，事前规范、事中控制与事后监督的流程缺一不可。这有利于上市公司定期按照规范发布其经过独立第三方审验后的企业环境责任报告，公布于统一的官方平台，向广大利益相关者传递其履行的环境责任并接受监督，在推进社会效益增长的同时提升企业的长期价值。为了推进企业环境责任信息披露工作，在规范的初期建议生态环境部、国务院国资委、证监会等政府相关部门建立奖惩机制，对环境责任信息披露良好的企业进行表扬、奖励，而对环境责任信息披露不达标的企业进行批评、处罚。

7.6　进一步推动企业环境责任信息披露的财税体制改革

我国企业环境责任信息披露的规范和监管体系都有待进一步改进，财税政策是重要的外部动力和压力。在进一步建立、健全法律法规对企业环境责任信息披露进行规范的基础上，需要进一步深化我国的财税体制改革，规范全国的税收优惠政策，促进企业真正履行其应尽的环境责任。应根据十八届三中全会、四中全会、五中全会和十九大精神及"十三五"规划安排，进一步深化改革，充分发挥财政在国家治理中的基础性作用。第十二届全国人民代表大会常务委员会第二十五次会议上通过《中华人民共和国环境保护税法》，环境保护税自2018 年 1 月 1 日起开征。"推动环境保护费改税""用严格的法律制度保护生态环境"是十八届三中全会、四中全会提出的一项重要任务，是推进绿色发展和生态文明建设的重要举措，也是落实税收法定原则的重要内容。《中华人民共和国环境保护税法》以排污收费制度为基础进行税制设计，实现收费向征税制度的平稳转换。该法共五章二十八条，对环境保护税的纳税人、课税对象、计税依据、税收减免、征收管理等作出了具体规定。《中华人民共和国环境保护税法》的颁布实施对我国保护和改善环境、减少污染物排放、推进生态文明建设具有重要的意义：一是有利于解决排污费制度存在的执法刚性不足、地方政府干预等问题；二是有利于提高纳税人的环保意识和遵从度，强化企业治污减排的责任；三是有利于构建促进经济结构调整、促进发展方式转变的绿色税制体系，强化税收调控作用，形成有效的约束激励机制，提高全社会环保意识，推进生态文明建设和绿色发展；四是通过"清费立税"，有利于规范政府分配秩序，优化财政收入结构，强化预算约束。此次开征环境保护税采取费改税方式，征税对象和范围与现行排污费的征收对象和范围基本相同，仅针对直接向环境排放的大气污染物、水污染物、固体废物和噪声等。现行《中华人民共和国环境保护法》《中华人民共和国水污染防治法》《中华人民共和国大气污染防治法》对超标、超总量排污的行为规定了民事责任和行政处罚。例如，《中华人民共和国水污染防治法》第八十三条规定，违反本法规定，有下列行为之一的，由县级以上人民政府环境保护主管部门责令改正或者责令限制生产、停产整治，并处十万元以上一百万元以下的罚款；情节严重的，报经有批准权的人民政府批准，责令停业、关闭：①未依法取得排污许可证排放水污染物的；②超过水污染物排放标准或者超过重点水污染物排放总量控制指标排放水污染物的等内容。按照 2014 年 9 月国家发展和改革委员会、财政部、环境保护部发布的《关于调整排污费征收标准等有关问题的通知》要求，全国各省区市于 2015 年 6 月底前，将大气和水污染物的排污费征收标准分别调整至不低于每污染当量 1.2 元和 1.4 元。同时，鼓励污染重点防治区域及经济发达地区，按高于上述标准调整排污费征收标准，充分发挥价格杠杆作用，促进污染减排和环境保护。2018 年 1 月 1 日之前各地实际执行的排污费征收标准差异较大，大部分省区市按国家规定的最低标准执行，有 7 个省市调整后的收费标准高于国家规定的最低标准，其中，北京市调整后的收费标准是最低标准的 8～9 倍；天津市调整后的收费标准是最低标准的 5～7 倍；上海市分三步调整至最低标准的 3～6.5 倍；江苏省分两步调整至最低标准的 3～4 倍；河北省分三步调整至最低标准的 2～5 倍；山东省分两步调整至最低标准的 2.5～5 倍；湖北省分两步调整至最低标准的 1～2 倍。根据《中华人民共和国环境保护税法》，应税大气污染物的税额幅度为每污染当量 1.2～12 元，水污染物的税额幅度为每污染当量 1.4～14 元。具体税额可由各地在法定税额幅度内确定。从目前各地发布的方案来看，环保税税额标准相对较高的有北京市、上海市、天津市、河北省、山东省等地。以应税大气污染物适用税额标准为例，河北省按照国家规定最低标准的 8 倍、5 倍、4 倍执行；上海市二氧化硫、氮氧化物的税额标准分别为每污染当量 6.65 元和 7.6 元；山东省二氧化硫、氮氧化物的税额标准均为每污染当量 6 元。与此形成鲜明对比的是，另一些地方则按照法定最低限额征收，如陕西省、青海省、甘肃省、宁夏回族自治区、新疆维吾尔自治区等地，多集中于西部地区。湖南省、四川省、贵州省、山西省等地的税额标准比最低限额略高。例如，贵州省的大气污染物环境保护税适用税额为每污染当量 2.4 元，水污染物环境保护税适用税额为每污染当量 2.8 元；山西省大气污染物环境保护税适用税额为每污染当量 1.8 元，水污染物环境保护税适用税额为每污染当量 2.1 元。今后根据新情况、新形势，可以选择污染防治任务重、技术标准成熟的税目开征环境保护税，逐步扩大征税范围。例如，为控制温室气体排放，推进绿色低碳发展，可考虑适时将二氧化碳纳入征税范围。环境保护税法这一名称符合税制改革的方向，可以为未来扩大征税范围和整体税制改革留出空间。

同时，财税改革应进一步加强环保设备企业所得税优惠政策的执行力度，对环境责任履行良好且积极予以披露的企业给予财政补贴，推动企业将注意力转移到踏踏实实地生产经营并履行其应尽的环境责任上。

7.7　建立企业环境责任信息披露的其他配套制度

贵州省还应当构建企业环境责任信息披露相关激励机制和其他配套制度。我国《环境信息公开办法（试行）》对主动自觉披露环境责任信息、遵守环保法律法规的企业设置了精神、物质及技术上的奖励，但并没有就如何获得这些奖励进行具体规定，还需在立法上进一步细化。2016 年 8 月 31 日，中国人民银行、财政部等七部委联合发布《关于构建绿色金融体系的指导意见》。证监会修订并公布了公开发行证券的公司信息披露内容与格式准则，到 2020 年底所有上市公司都将被要求进行环境责任信息披露，但在加强金融支持环境责任信息披露方面的激励措施仍有待进一步加强和落实。在《国家重点监控企业自行监测及信息公开办法（试行）》及《国家重点监控企业污染源监督性监测及信息公开办法（试行）》中都没有设立相应的奖惩机制，在企业自我监督和治理做得好或者不好并没有实质区别的前提下，政策上将会很难对企业开展并做好环境责任信息披露工作产生激励作用，大部分企业仅是随大流，保持着观望的态度。

对许多企业而言，仅跟着国家政策和法律法规的要求来披露环境责任信息的行为类型是被动披露。因此为了改变这个现状，应该让企业有意识、自觉地进行环境责任信息披露，这样不仅可以提高环境责任信息的数量，最主要的是可以提高质量。贵州省的发展潜力巨大，在未来将会有越来越多的企业随之建立，政府应该从根源督促企业进行环境责任信息披露。尤其对上市公司来说，已经形成了一定规模，在社会上有一定的影响力，因此更加应该主动承担环境责任。当政府建立并完善了激励机制和相关的配套制度后，企业出于提高自身社会知名度、促进企业在大众心里形成良好形象的目的，也会在激励机制的推动下，加强环境责任信息的披露。

鉴于目前我国自愿披露环境责任报告的氛围尚未完全形成，因此适当的激励辅助机制也是必需的。从目前已经实施的政策来看，上交所 2009 年 8 月选取上交所上市公司中在社会责任履行方面表现良好的公司股票作为样本股编制而成并发布的"上证社会责任指数"具有一定的激励作用。该指数不仅为投资者提供了新的投资指标，也起到了良好的示范作用，对已上市和拟上市公司具有可以积极帮助其理解环境责任报告的意义，对促进我国上市公司环境责任报告质量整体水平的提高具有重要意义。政府和相关部门应进一步加大对企业环境责任履行和信息传递的宣传力度，进一步提高公众的参与意识，提醒利益相关方加强对企业环境责任信息传递的关注程度。依据十八届三中全会提出的提升国家治理能力的精神，进一步加大以企业环境责任为代表的社会治理的能力，促进全社会的和谐和可持续发展。在全方位宣传企业环境责任履行的同时，政府还应积极引导建立、健全社会责任民间组织，做好企业履责引导工作。同西方相比，社会责任民间组织在我国的数量不多，如果仅依靠政府引导，力量显然不够。在政府积极出台配套措施宣传企业环境责任履行的同时，如何引导和规范包括具有社会责任感的投资机构在内的社会责任民间组织积极投身于环境责任事业，仍有大量的工作需要安排。只有各类投资机构、评级机构、非营利性组织的力量被积极调动起来，环境责任的观念才会更深入人心，利益相关者的有效监督作用才能得到充分发挥。已有研究证明，企业履行环境责任对企业绩效的提升能够起到良性促进作用，即企业履行环境责任能够有效地提升企业价值。但是，多数企业尚不明确如何履责，因此政府应首要做好引导工作。具体而言，建议政府部门应建立环境责任服务机构，以更好地帮助企业履责并积极披露。环境责任报告披露的真实性和完整性对企业的良性发展是一个有利因素，如有助于企业树立良好的企业形象、加强潜在投资者的关注等，从而有利于提升企业价值；从政府的层面来说，应该采取积极措施，让上市公司意识到真实、完整地披露环境责任报告的重要性，这也是政府引导行为的目标。

从加强金融支持企业环境责任信息披露的角度，应加快推进金融立法的生态化，积极推动证券法的修改，强制性要求上市公司披露有关环境责任信息。具体而言，可优先在冶炼、钢铁、化工、水泥、造纸、印染等重污染行业开展试点，不断总结经验，待条件成熟时，再制定绿色金融方面的专门性部门规章乃至行政法规。条件成熟时，还应进一步推动修改环境保护法，切实规定绿色金融制度，从而形成健全、完善的绿色金融立法体系，使绿色金融真正成为能落地生根的法律制度。通过建立、健全对违反强制性环境责任信息披露义务的处罚制度，让"环境违法风险"切实转换为"融资和财务风险"。同时，要通过制度设计使绿色企业的融资成本低于同等条件下的非绿色企业，并加强对绿色企业上市融资的支持、服务和激励，让"环境守法行为"变为"融资和财务利好"。为了推动落实国务院金融稳定发展委员会气候相关金融信息披露工作组建议，落实七部委联合发布的《关于构建绿色金融体系的指导意见》中关于强化环境责任信息披露要求的具体实践，中国工商银行、兴业银行、江苏银行、湖州银行、华夏基金管理有限公司、易方达基金管理有限公司、汇丰银行等银行和资产管理机构自愿加入中英金融机构环境责任信息披露工作试点,尤其是披露所持有资产的绿色化程度和环境影响,有助于倒逼实体企业,包括借款企业、上市公司和债券发行机构开展环境责任信息披露。只有企业充分披露了环境责任信息,资本市场才能有效识别哪些企业是绿色的、哪些企业是非绿色的,投资机构才能有效地向绿色产业配置资金,减少对污染和高碳行业的投资。上交所和深交所应在上市公司规范运作指引中对上市公司认真履行环保责任作出明确要求,如环境保护政策的制定和执行、环保工艺和技术的推广、重大环境污染问题的披露和整改等;同时落实证监会发布的《公开发行证券的公司信息披露内容与格式准则第 2 号——年度报告的内容与格式(2017 年修订)》的相关规定,以及《主板信息披露业务备忘录第 1 号——定期报告披露相关事宜》中细化的上市公司环保信息的披露要求,尤其是针对被列入环保部门公布的重点排污单位、污染严重企业名单的上市公司及其子公司的环保信息的具体披露要求;并依法全面从严监管上市公司环境责任信息披露行为。近年来上交所和深交所在事后审查中发现多家上市公司属于环保部门监控的重点排污单位,但未按照相关规定在年度报告或临时公告中披露环境责任信息,均及时发出监管函件要求相关公司作出补充披露。上交所和深交所应进一步激励绿色债券及绿色资产支持证券的发行,进一步完善绿色债券的相关规则和制度,积极推动政策落地,以降低绿色债券融资成本,深化绿色债券领域国际交流合作。同时,督促资产管理业进行环境风险压力测试。随着环境风险严重程度的不断增加,保险业和资产管理业应具备评估及管理新出现的与不可预见的环境风险方面的意识,并通过环境压力测试的结果调整投资组合。此外,还应不断完善环境责任信息公开机制,尽快建立环保部门与证券交易所的环境责任信息共享机制,发展绿色金融,进而促进实体企业切实履行环境责任信息披露的义务。

目前,环境责任信息披露符合国家的可持续发展战略,同时能够提高企业及公众的环保意识。在环境被不断破坏的今天,这样的意识有存在的必要性。贵州省的生态环境在全国范围内来说比较好,空气质量也要远远好于中西部地区的一些城市,当然这与经济的发展程度有着密切联系。但是,贵州省的经济发展也在逐渐加速,国家在政策上不断加大支持力度,促使贵州省近些年的 GDP 得到飞速增长。但是在经济快速发展的这个大背景下,加大对环境的治理与保护,这不仅属于政府的责任，更大的责任属于企业。大部分企业在发展运营的过程中都会对环境造成一定程度的影响，那么如何控制和改善，就是政府面临的一大难题。

　　企业有义务承担起环境保护的责任及对外披露环境责任信息的责任，这样做不仅是让公众了解到企业对环境造成了怎样的改变及付诸了怎样的实际行动来改善环境，同样可以在一定程度上增强人们保护环境的意识。加强意识对环境保护而言意义重大。所谓意识指导实践，当越来越多的人们拥有环境保护的意识，在意识到环境对人类生存而言的重要性之后，在平时的生活中将注重对环境的保护。在国家政策和法律法规的正确引导下，企业，尤其是国有企业，应该主动对外披露环境责任信息，起好带头作用。目前的一个事实是，我国企业环境责任信息披露水平不够高。

　　企业的利益相关者对上市公司和国有企业披露的环境责任信息了解较多，尤其是环境保护责任，但对中小企业的环境责任了解不足。而受教育水平会明显影响利益相关者了解企业披露的环境责任信息的程度。在大数据时代，鉴于网络媒体已经成为人们获取企业披露的环境责任信息的首要渠道，贵州省相关部门应积极利用"云上贵州"等资源，建立起统一的官方权威平台用于企业环境责任信息披露上，不断探索建立企业环境责任信息披露反馈制度。例如，对贵州省上市公司和国有企业，可以考虑强制性要求其在公司主页公布当年的环境责任报告之后，给有兴趣阅读该环境责任报告的利益相关者建立网上留言簿，以便企业及时了解利益相关者对其环境责任报告的意见和建议，在今后的工作中进一步加以改进。还可以引导企业积极主动充分发挥微信、微博等自媒体的作用，通过微信、微博宣传企业环境责任报告，扩大企业的社会影响力的同时，积极利用微信、微博的交流沟通功能，对利益相关者开放各种微信、微博的交流平台，及时接收利益相关者的反馈信息，切实实现企业环境责任信息传递的有效性和反馈的及时性。当然，电视和报刊等传统媒体的宣传作用仍然较为重要，企业可以利用这些渠道传递自身的环境责任报告，但限于这些媒体的局限性，反馈交流措施比较有限。企业可以继续和政府保持良好的关系，利用政府的宣传，积极传递本企业的环境责任信息。

　　综上所述，对生态脆弱的贵州省来说，为了保住青山绿水，企业环境责任信息披露意义重大，应提高对企业环境责任信息披露的重视程度，提高环境责任信息披露质量，增强环保意识，设立环境监督及相关信息披露部门，在发展的同时，积极承担相应的社会责任和环境责任，增强产业影响力。

在政策制定中，应重点建立、完善适合国情的环境责任信息披露制度，而就上市公司而言，应要求其定期公布环境责任报告和检测证明，实行环境责任信息披露奖惩制度，对自觉、自愿披露环境责任信息的企业进行奖励或提供优惠，加大环境污染处罚力度，处罚未进行环境责任信息披露的企业。对大数据企业来说，政府设立相应环境治理专项基金，以此保证大数据产业发展的同时有资金进行环境治理，建设大数据产业园，统一进行环境治理，促进相关企业履行环境责任，促进贵州省企业积极履行和披露环境责任信息，保住青山绿水，促进贵州省经济的可持续、健康发展。

参 考 文 献

伯利ＡＡ，米恩斯ＧＣ．2005. 现代公司与私有财产[M]. 甘华鸣，罗锐韧，蔡如海译. 北京：商
务印书馆：130-139.

陈共荣，马宁，李琦山．2011. 环境绩效信息披露质量与公司治理结构相关性的实证研究[J]. 学
术论坛，34（9）：150-155.

陈宏辉，贾生华．2003. 企业社会责任观的演进与发展：基于综合性社会契约的理解[J]. 中国工
业经济，（12）：85-92.

陈洪涛，束雯，王双英．2017. 公司治理结构、财务特征对环境信息披露影响的实证研究[J]. 南
京航空航天大学学报（社会科学版），19（2）：1-9.

陈立勇，曾德明．2002. 企业的利益相关者、绩效与社会责任[J]. 湖南社会科学，（6）：67-70.

陈鑫．2017. 基于大数据的企业社会责任信息披露平台构建研究[D]. 哈尔滨理工大学硕士学位论文.

陈郁．1998. 所有权、控制权与激励：代理经济学文选[M]. 上海：上海人民出版社：138-306.

杜剑．2016. 运用大数据改进企业环境信息披露探究[J]. 新西部（理论版），（21）：82，86.

方莹．2013. 环境责任与环境会计信息披露质量研究——以石化类上市公司为例[J]. 财会通讯，
（28）：14-16.

冯波，朱杨慧，李强．2014. 企业环境信息披露质量评价体系构建[J]. 财会月刊，（8）：7-10.

冯根福．2004. 双重委托代理理论：上市公司治理的另一种分析框架——兼论进一步完善中国上
市公司治理的新思路[J]. 经济研究，（12）：16-25.

冯俊华，王靖，张丹阳．2016. 制革企业环境责任评价指标体系构建研究[J]. 中国皮革，45（12）：
32-36.

弗里曼ＲＥ．2006. 战略管理：利益相关者方法[M]. 王彦华，梁豪译. 上海：上海译文出版社：
54-55.

高和荣．2008. 经济社会学[M]. 北京：高等教育出版社：228.

郭丛冉，李艳，张煜超．2015. 大数据环境下企业社会责任的信息披露[J]. 商，（2）：30.

郭强．2010. 上市公司股利政策稳定性对股票长期收益影响的实证研究[D]. 重庆大学硕士学位论文.

韩金红．2015. 生态文明视角下企业社会责任与企业价值关系研究——基于新疆上市企业的经
验证据[J]. 新疆大学学报（哲学·人文社会科学版），43（4）：7-13.

胡铃铃．2012. 企业社会责任的驱动机制研究[D]. 湘潭大学硕士学位论文.

胡义芳，唐久芳．2008. 我国环境财政改革的新思路——基于企业环境信息披露的视角[J]. 财贸
经济，（9）：52-56.

霍布斯 T. 2007. 利维坦[M]. 刘胜军，胡婷婷译. 北京：中国社会科学出版社：111-115.

蒋贤杨. 2014. 外部压力与企业环境信息披露研究——基于沪市 A 股制造业上市公司的经验证据[D]. 西南财经大学硕士学位论文.

阚京华，董称. 2016. 内部控制、产权性质与企业环境责任履行——基于沪深两市上市公司数据[J]. 财会月刊，（30）：3-10.

李长熙，张伟伟. 2013. 股权结构、独立董事制度、外部审计质量与环境信息披露——基于上市公司 2012 年度社会责任报告的经验证据[J]. 南京财经大学学报，（6）：71-77.

李长熙，张伟伟. 2014. 公司治理监督机制与环境信息披露相关性研究——基于 2012 年度上市公司经验证据[J]. 广东行政学院学报，（4）：80-86.

李晚金，匡小兰，龚光明. 2008. 环境信息披露的影响因素研究——基于沪市 201 家上市公司的实证检验[J]. 财经理论与实践，29（3）：47-51.

李伟. 2006. 合同解释的现代发展趋势[D]. 内蒙古大学硕士学位论文.

梁宁，董颖. 2010. 基于消费者行为的品牌价值研究[J]. 商场现代化，（28）：71.

林军. 2004. 企业社会责任的社会契约理论解析[J]. 岭南学刊，（4）：71-75.

刘蓓蓓，俞钦钦，毕军，等. 2009. 基于利益相关者理论的企业环境绩效影响因素研究[J]. 中国人口·资源与环境，19（6）：80-84.

刘海英. 2010. 环境会计信息披露研究综述与展望[J]. 财会月刊，（9）：67-69.

刘丽，刘丹，王爽，等. 2017. 中央企业履行环境责任的影响因素研究[J]. 统计与决策，（16）：178-182.

刘茂平. 2012. 上市公司实际控制人特征与企业环境信息披露质量——以广东上市公司为例[J]. 岭南学刊，（2）：102-107.

刘茂平. 2013. 公司治理与环境信息披露行为研究——以广东上市公司为例[J]. 暨南学报（哲学社会科学版），35（9）：50-57.

刘儒昞，王海滨. 2012. 国有企业环境责任与环境会计信息披露——基于组织合法性理论视角[J]. 哈尔滨商业大学学报（社会科学版），（6）：71-76.

刘晓丹. 2017. 大数据在企业非财务会计信息披露中的应用[J]. 中国管理信息化，（16）：29-30.

卢梭 J J. 2011. 社会契约论[M]. 李平沤译. 北京：商务印书馆：18-19.

罗文兵，王娟智，曹笑天. 2016. 有色金属行业上市公司环境信息披露现状分析——基于 2011～2014 年上市公司的数据[J]. 山东工商学院学报，30（5）：44-50.

马力，齐善鸿. 2005. 公司社会责任理论述评[J]. 经济社会体制比较，（2）：138-141，137.

祁斐. 2013. 基于外部压力的企业环境信息披露研究——来自沪市 A 股重污染行业的经验证据[D]. 西南财经大学硕士学位论文.

乔引花，游璇. 2015. 内部控制有效性与环境信息披露质量关系的实证[J]. 统计与决策，（23）：166-169.

乔治 R T D. 2002. 经济伦理学[M]. 李布译. 北京：北京大学出版社：41-64.

舍恩伯格 V M，库克耶 K. 2013. 大数据时代[M]. 盛杨燕，周涛译. 杭州：浙江人民出版社.

沈洪涛. 2006. 公司特征与公司社会责任信息披露——来自我国上市公司的经验证据[R]. 中国
　　会计学会学术年会.

沈奇泰松. 2010. 组织合法性视角下制度压力对企业社会绩效的影响机制研究[D]. 浙江大学博
　　士学位论文.

沈弋，徐光华，王正艳. 2014. "言行一致"的企业社会责任信息披露——大数据环境下的演化
　　框架[J]. 会计研究，（9）：29-36，96.

盛日. 2002. 利益相关者理论与企业竞争力[J]. 湖南大学学报（社会科学版），（S2）：15-17.

舒利敏. 2014. 我国重污染行业环境信息披露现状研究——基于沪市重污染行业 620 份社会责
　　任报告的分析[J]. 证券市场导报，（9）：35-44.

舒岳. 2014. 浙江省上市公司社会责任信息披露的现状剖析——基于公司社会责任报告视角[J].
　　财经论丛，（5）：52-58.

孙玥璠，武艳萍. 2016. 关于环境信息披露指数构建的国内外对比及建议[J]. 经济研究参考，
　　（10）：78-81.

汤亚莉，陈自力，刘星，等. 2006. 我国上市公司环境信息披露状况及影响因素的实证研究[J]. 管
　　理世界，（1）：158-159.

唐纳森 T，邓菲 T W. 2001. 有约束力的关系：对企业伦理学的一种社会契约论的研究[M]. 赵月
　　瑟译. 上海：上海社会科学院出版社：105-146.

陶冉，金润圭，高展. 2011. 低碳经济背景下跨国公司环境责任研究[J]. 亚太经济，（3）：94-100.

田志龙，贺远琼，高海涛. 2005. 中国企业非市场策略与行为研究——对海尔、中国宝洁、新希
　　望的案例研究[J]. 中国工业经济，（9）：82-90.

万莹仙. 2009. 企业承担环境责任的若干思考[J]. 财政监督，（10）：25-26.

王桂花，李文青，王庆九. 2014. 完善企业环境责任履行的策略分析[J]. 环境保护，42（23）：74-75.

王建明. 2008. 环境信息披露、行业差异和外部制度压力相关性研究——来自我国沪市上市公司
　　环境信息披露的经验证据[J]. 会计研究，（6）：54-62，95.

王洁明. 2011. 环境社会责任信息披露问题研究[J]. 商业文化（上半月），（8）：160.

王薇. 2010. 我国上市公司环境信息披露水平实证研究[D]. 中国海洋大学硕士学位论文.

王霞，徐晓东，王宸. 2013. 公共压力、社会声誉、内部治理与企业环境信息披露——来自中国
　　制造业上市公司的证据[J]. 南开管理评论，16（2）：82-91.

韦斯 J W. 2005. 商业伦理：利益相关者分析与问题管理方法[M]. 符彩霞译. 北京：中国人民大
　　学出版社：135-137.

奚宾，刘赟. 2017. 环境责任与公司溢价[J]. 生态经济，33（12）：93-96.

肖华，张国清. 2008. 公共压力与公司环境信息披露——基于"松花江事件"的经验研究[J]. 会
　　计研究，（5）：15-22，95.

肖艳玲，苗朝阳. 2017. 我国企业环境责任信息披露存在的问题及其对策[J]. 经济研究导刊，

（14）：15-16.

肖增敏，徐佩. 2013. 医药企业社会责任培育路径研究——基于信号传递博弈理论[J]. 市场周刊
　　（理论研究），（8）：19-21.

许莉，王殿宇. 2016. 大数据在上市银行非财务会计信息披露中的作用[J]. 中国管理信息化，
　　19（7）：63-67.

阳静，张彦. 2008. 上市公司环境信息披露影响因素实证研究[J]. 会计之友，（32）：89-90.

杨利娟. 2009. 信息不对称理论研究[J]. 北方经贸，（5）：20-22.

杨熠，李余晓璐，沈洪涛. 2011. 绿色金融政策、公司治理与企业环境信息披露——以502家重
　　污染行业上市公司为例[J]. 财贸研究，22（5）：131-139.

姚翠红，李恩恩. 2016. 我国造纸业上市公司环境信息披露的现状研究[J]. 经济研究导刊，（17）：
　　18-21.

余青英. 2015. 企业环境信息披露质量影响因素研究[J]. 市场研究，（12）：27-29.

袁春英. 2010. 我国上市公司环境信息披露影响因素的实证研究[D]. 东北师范大学硕士学位
　　论文.

袁增伟，毕军. 2006. 生态产业共生网络运营成本及其优化模型开发研究[J]. 系统工程理论与
　　实践，（7）：92-97，123.

翟金金. 2010. 企业竞争情报搜集中的伦理问题及规范建设研究[D]. 福州大学硕士学位论文.

张本越，焦焰. 2017. 政府与企业间环境会计信息披露的博弈研究[J]. 会计之友，（4）：104-106.

张长江，许一青. 2014. 基于社会责任报告的冶金行业上市公司环境绩效信息披露研究[J]. 武汉
　　科技大学学报，37（3）：235-240.

张俊瑞，郭慧婷，贾宗武，等. 2008. 企业环境会计信息披露影响因素研究——来自中国化工类
　　上市公司的经验证据[J]. 统计与信息论坛，23（5）：32-38.

张向钦. 2017. 大数据背景下上市公司信息披露行为与路径框架研究[J]. 中国注册会计师，（1）：
　　56-59.

张兆国，刘晓霞，张庆. 2009. 企业社会责任与财务管理变革——基于利益相关者理论的研究[J].
　　会计研究，（3）：54-59，95.

赵展. 2013. 合法性理论下的我国企业环境责任信息披露现状问题研究——以上交所生物医药
　　行业为例[D]. 辽宁大学硕士学位论文.

周雪光. 2003. 组织社会学十讲[M]. 北京：社会科学文献出版社：64-108.

周禹杉. 2015. 贵州省大数据产业发展面临的挑战及对策[J]. 电子制作，（12）：98.

朱金凤，薛惠锋. 2008. 公司特征与自愿性环境信息披露关系的实证研究——来自沪市 A 股制
　　造业上市公司的经验数据[J]. 预测，27（5）：58-63.

Abbott W F，Monsen R J. 1979. On the measurement of corporate social responsibility: self-reported
　　disclosures as a method of measuring corporate social involvement[J]. Academy of Management
　　Journal，22（3）：501-515.

Aerts W, Cormier D. 2009. Media legitimacy and corporate environmental communication[J]. Accounting, Organizations and Society, 34（1）: 1-27.

Akeem L B, Muturi W, Memba F. 2016. Effect of measurement of environmental liability on quality of disclosure: evidence from shipping companies in Nigeria[EB/OL]. http://cn.bing.com/academic/profile? id = 33df9d1b6e5936c21bb425e28b43c49d&encoded = 0&v = paper_preview& mkt = zh-cn [2016-07-12].

Anderson J C, Frankle A W. 1980. Voluntary social reporting: an iso beta portfolio analysis[J]. The Accounting Review, （3）: 467-479.

Ane P. 2012. An assessment of the quality of environmental information disclosure of corporation in China[J]. Systems Engineering Procedia, 5: 420-426.

Brammer S, Pavelin S. 2006. Voluntary environmental disclosures by large UK companies[J]. Journal of Business Finance and Accounting, 33: 1168-1188.

Campbell J L. 2007. Why would corporations behave in socially responsible ways? An institutional theory of corporate social responsibility[J]. Academy of Management Review, 32（3）: 946-967.

Clarkson M E. 1995. A stakeholder framework for analyzing and evaluating corporate social performance[J]. Academy of Management Review, 20（1）: 92-117.

Clarkson P M, Li Y, Richardson G D, et al. 2008. Revisiting the relation between environmental performance and environmental disclosure: an empirical analysis[J]. Accounting, Organizations and Society, 33: 303-327.

Cowen S S, Ferreri L B, Paker L D. 1987. The impact of corporate characteristics on social responsibility disclosure: a typology and frequency-based analysis[J]. Accounting, Organizations and Society, 12（2）: 111-122.

Deegan C, Rankin M. 1996. Do Australian companies report environmental news objectively? An analysis of environmental disclosures by firms prosecuted successfully by the environmental protection authority[J]. Accounting, Auditing and Accountability Journal, （2）: 50-67.

Dierkes M, Coppock R. 1978. Europe tries the corporate social report[J]. Business and Society Review, （25）: 21-24.

Donaldson T. 1982. Corporations and Morality[M]. Englewood Cliffs: Prentice Hall.

Donaldson T, Dunfee T W. 1994. Toward a unified conception of business ethics: integrative social contracts theory[J]. Academy of Management Review, 19（2）: 252-284.

Donaldson T, Dunfee T W. 1995. Integrative social contracts theory: a communitarian conception of economic ethics[J]. Economics and Philosophy, 11（1）: 85-112.

Elsakit O M, Worthington A C. 2014. The Impact of corporate characteristics and corporate governance on corporate social and environmental disclosure: a literature review[J]. International Journal of Biometrics, 9（9）: 1-15.

Epstein M J，Freedman M. 1994. Social disclosure and the individual investor[J]. Accounting，Auditing and Accountability Journal，7（4）：94-109.

Ferguson M J，Lam K C K，Lee G M. 2002. Voluntary disclosure by state-owned enterprises listed on the stock exchange of Hong Kong[J]. Journal of International Financial Management and Accounting，13（2）：125-152.

Fiori G，Donato F D，Izzo M F. 2007. Corporate social responsibility and firms performance-an analysis on Italian listed companies[EB/OL]. https: //papers.ssrn.com/sol3/papers.cfm？abstract_id = 1032851&rec = 1&srcabs = 970330&alg = 1&pos = 5[2016-07-12].

Flammer C. 2013. Corporate social responsibility and shareholder reaction: the environmental awareness of investors[J]. Academy of Management Journal，56（3）：758-781.

Forke J J. 1992. Corporate governance and disclosure quality[J]. Accounting and Business Research，22（86）：111-124.

Freedman M，Jaggi B. 2005. Global warming，commitment to the Kyoto protocol，and accounting disclosures by the largest global public firms from polluting industries[J]. International Journal of Accounting，40（3）：215-232.

Freeman R E，Evan W M. 1990. Corporate governance: a stakeholder interpretation[J]. Journal of Behavioral Economics，19（4）：337-359.

Gao S S，Heravi S，Xiao J Z. 2005. Determinants of corporate social and environmental reporting in Hong Kong: a research note[J]. Accounting Forum，29（2）：233-242.

Gray R，Javad M，Power D M，et al. 2001. Social and environmental disclosure and corporate characteristics: a research note and extension[J]. Journal of Business Finance and Accounting，28（3）：327-356.

Hackston D，Milne M J. 1996. Some determinants of social and environmental disclousures in New Zealand companies[J]. Accounting，Auditing and Accountability Journal，9（1）：77-108.

Haley U C V. 1991. Corporate contributions as managerial masques: reframing corporate contributions as strategies to influence society[J]. Journal of Management Studies，28（5）：485-510.

Holder-Webb L，Cohen J R，Nath L，et al. 2009. The supply of corporate social responsibility disclousures among U. S. firms[J]. Journal of Business Ethics，84（4）：497-527.

Hughes S B，Anderson A，Golden S. 2001. Corporate environmental disclosures: are they useful in determining environmental performance?[J]. Journal of Accounting and Public Policy，20（3）：217-240.

Ingram R W，Frazier K B. 1980. Environmental performance and corporate disclosure[J]. Journal of Accounting Research，18（2）：614-622.

Johnstone N，Labonne J. 2009. Why do manufacturing facilities introduce environmental management systems? Improving and/or signaling performance[J]. Ecological Economics，68（3）：719-730.

Juhmani O. 2014. Determinants of corporate social and environmental disclosure on websites：the case of Bahrain[J]. Universal Journal of Accounting and Finance，2（4）：77-87.

Khan A，Muttakin M B，Siddiqui J. 2013. Corporate governance and corporate social responsibility disclosures：evidence from an emerging economy[J]. Journal of Business Ethics，114（2）：207-223.

Kuo L，Yeh C C，Yu H C. 2012. Disclosure of corporate social responsibility and environmental management：evidence from China[J]. Corporate Social Responsibility and Environmental Management，（5）：273-287.

Liu Z G，Liu T T，McConkey B G，et al. 2011. Empirical analysis on environmental disclosure and environmental performance level of listed steel companies[J]. Energy Procedia，5：2211-2218.

Maignan I，Ralston D A. 2002. Corporate social responsibility in Europe and the U. S.：insights from businesses' self-presentations[J]. Journal of International Business Studies，33（3）：497-514.

Marquis C，Glynn M A，Davis G F. 2007. Community isomorphism and corporate social action[J]. Academy of Management Review，32（3）：925-945.

Neu D，Warsame H，Pedwell K. 1998. Managing public impressions：environmental disclosures in annual reports[J]. Accounting，Organizations and Society，23（3）：265-282.

Patten D M. 1992. Intra-industry environmental disclosures in response to the Alaskan oil spill：a note on legitimacy theory[J]. Accounting，Organizations and Society，17（5）：471-475.

Pintea M O，Stanca L，Achim S A，et al. 2014. Is there a connection among environmental and financial performance of a company in developing countries? Evidence from Romania[J]. Procedia Economics and Finance，15：822-829.

Porteiro N. 2008. Pressure groups and experts in environmental regulation[J]. Journal of Economic Behavior and Organization，65（1）：156-175.

Roberts R W. 1992. Determinants of corporate social responsibility disclosure：an application of stakeholder theory[J]. Accounting，Organizations and Society，（6）：595-612.

Rodriguez L C，LeMaster J. 2007. Voluntary corporate social responsibility disclosure SEC"CSR seal of approval" [J]. Business & Society，（3）：370-384.

Santos M. 2011. CSR in SMEs：strategies，practices，motivations and obstacles[J]. Social Responsibility Journal，7（3）：490-508.

Shaukat A，Qiu Y，Trojanowski G. 2016. Board attributes，corporate social responsibility strategy，and corporate environmental and social performance[J]. Journal of Business Ethics，135（3）：569-585.

Trotman K T，Bradley G W. 1981. Associations between social responsibility disclosure and characteristics of companies[J]. Accounting，Organizations and Society，6（4）：355-362.

Useem M. 1988. Market and institutional factors in corporate contributions[J]. California Management Review，30（2）：77-88.

Wood D J. 1991. Corporate social performance revisited[J]. Academy of Management Review，（4）：691-718.

Wood D J，Jones R E. 1995. Stakeholder mismatching：a theoretical problem in empirical research on corporate social performance[J]. International Journal of Organizational Analysis，3（3）：229-267.

Zadek S，Pruzan P，Evans R. 1997. Building Corporate Accountability：Emerging Practice in Social and Ethical Accounting and Auditing[M]. London：Taylor & Francis Ltd.

附　　录

附录 1　企业环境责任信息内容评分表

简称	项目
year	报告年份
code	企业代码
SOE（state-owned enterprise）	企业性质（国有企业为 1，非国有企业为 0）
size	企业规模（大为 1，中为 2，小为 3）
industry	所属行业
location	所在地区
waste emissions standards	废物排放严格遵守国家标准
reduce pollution	减少对水及空气等自然资源和社会环境的污染（如噪声）
develop energy saving products	积极开发节能环保产品
energy conservation projects	实施能源节约项目和环境保护项目
promptly repair	及时修复对环境造成的损害
regularly monitor	定期监测和评价企业生产经营活动对环境的影响
recycle	实施资源可持续利用项目、推进废料的回收与循环利用
high-polluting industries	是否属于高污染行业
mandatory requirements	是否属于国家强制要求执行环保标准行业

附录 2　企业环境责任信息数据评分表

简称	项目
year	报告年份
code	企业代码
SOE（state-owned enterprise）	企业性质（国有企业为 1，非国有企业为 0）
size	企业规模（大为 1，中为 2，小为 3）
industry	所属行业
location	所在地区

续表

简称	项目
unit income	单位收入能耗率
unit output	单位产值能耗
unit discharge	单位收入排废量
material costs	材料用费率
renewable energy	可再生能源使用率
pollutant discharge	污染物排放达标率
environment invest	环保投资率
environment fees and sales	环保经费与销售收入率
environment fees increase	环保经费增长率